著作扶持规划资助项目

R e d u c t i o n a n d

还原与

技术时代的

同济大学人文学院优秀

目 录

引论：哲学与今日的世界

这部《还原与无限》可谓一种别样的哲学导论，这么说当然不无骇人听闻之嫌。因为哲学导论，在读者心目中，应该对什么是哲学作一番说明，然后宽泛地谈谈哲学的基本问题。而摆在面前的这本小书，就论题而言无疑甚为专门。

我国的哲学在专业设置上共有八个二级学科的划分，在中国哲学、外国哲学和马克思主义哲学（俗称中西马）三分之外，还有另外五个二级学科，分别是逻辑学、伦理学、美学、宗教学和科学技术哲学。照此看，眼下这本“技术时代的哲学导论”理当算在科学技术哲学之列。不过，这正是我在一开始就要力图避免的误解。本书所论无疑与当下科技哲学的诸多热点议题多有关联，可我在写下每一部分的时候，隐含在文字背后的思想动机并非学科的，而是反思的。换言之，我在这里对于技术问题的考察全然出于哲学本身的反思要求。此中不同，或甚紧要。为此，我们需要在进入正题之前，首先作一番极简要的引论。

实证与反思

哲学是一门难言的学问。尤其在当下的学术分工体系中，对哲学的误解甚至有着某种必然性。因为现代知识和学术分工体系是依照科学的标准来建立的。[①]科学是今日世界占据支配地位的知识形态，所以我们在今天谈什么是哲学，首先要着重谈哲学与科学的区别。

这里有一种好玩的景象。我们知道，我们现在所谓的科学与哲学都源于西方，而在西方，粗略地说，科学源于哲学，一步一步从哲学中取得独立，先是数学，然后是自然科学，再然后是社会科学，最后是所谓的人文科学。而这个脱离的次序，也正是"科学性"等级上的次序。[②]越早、越彻

---

① 有关现代大学的建立如何关乎"哲学与科学"的关系，以及这种关系在现代世界经历何种演变而成今日的状况，可参看本书第二章"技术时代的元叙事"。这里要补充说明的是，哲学与科学的区分是现代性方案的一部分。这种区分从十八世纪末开始变得愈发明确，在十九世纪才发展为目前的形态：科学占据话语权，日益获得全然自足的发展，也不再那么关心哲学问题；而哲学则日益边缘化、专业化。值得注意的是，现代技术的高速发展几乎与这种区分的建制化同时启动，两者相互勾连在一起。换言之，哲学在今日世界的处境也是技术时代论题的一部分，只有从技术时代论出发才能更为切实地理解这种处境。

② 这基本上也是各门学科在大学里的身份次序。比如"人文科学"，称为科学，似乎都有些不好意思的，因为毕竟没有实验和数据的支撑。不这么叫呢，似乎也不好意思，因为那就显得不够资格与其他学科相并列。要摆脱这种窘境，要紧的不在于向科学看齐（转下页）

底地远离哲学，科学性越有保证，越为自身的严格科学身份而感骄傲。于是，在现代知识体系中，哲学实际上占有一个十分尴尬的位置。她是备受敬仰的本源处，也是遍遭离弃的出身地。

之所以会出现这种情形，是因为哲学和各门科学有着截然不同的性质。科学从哲学母体当中实现独立，的确是科学走向成熟的过程。可这只是事情的一方面，事情的另一方面，是科学也在这个过程中失去了对自身预设的反思，失去了与整全的关联。我们不妨径直说，科学的态度是实证的，而哲学的态度是反思的。科学独立于哲学，不只是从里面分了家产，精耕细作，并发展出一套流水线来替代手工活，而且是用实证的态度替代了反思的态度。二十世纪德国大哲海德格尔在《什么叫思想？》里说了一句冒天下之大不韪的话，他说，“科学不思”。这话听着极为刺耳，仿佛一位诗人

（接上页）（这种看齐的追求造成了不少伪学问），而在于划定科学的边界，避免科学对人文学科的殖民。解释学之为人文学科的方法论反思相当程度上有助于克服科学主义的迷信，确立人文学科在当代大学中的独立地位。不过，真正的克服还有待于技术时代的反思。因为，如下文所揭示的，科学主义不只源于认识上的偏颇，而且植根于技术时代本身的生存形式。——有关大学里的学科生态，布鲁姆有过独到的分析：“自然科学或多或少愿意对社会科学和人文学科表示敬意，然而它们自己却互相瞧不起，社会科学贬低人文学科，说它不科学，人文学科则认为社会科学庸俗。”（艾伦·布鲁姆：《美国精神的封闭》，战旭英译，译林出版社，2007，第307页）之所以如此，是因为两者“占据着同一个研究领域”，也就是被自然科学所抛在身后的“人的现象”。而不同在于：“社会科学其实是想具有预测能力，这意味着人是可预测的，而人文学科则认为人是不可预测的。”（同上）

哲学家的癫狂呓语。可海德格尔的意思其实是说，科学和哲学是两码事。科学的成功就基于“不思”，基于对反思态度的放弃，转而在基本假定的地基上、就某一个局部领域作可观察、可定量的实证研究。①

这里的不“思”，不是不思考，而是不反思，不去反复纠结那些基本假定，不去勘察这个局部领域和整全的关系。因为这些关乎基本假定、关乎整全理解的问题，是一些深渊性的问题。对这些问题，我们几无可能获得一劳永逸的解答②，且绝无可能通过科学来获得解答。因为科学的研究方式是实证的，而这些基本假定和整全理解并非实证的对象。比如因果关系是一切科学研究都要运用的一种逻辑范畴，这

---

① 有关于此，张东荪有过精到的论述：“科学所造成的事实界，浅见之徒以为本然的自然（the nature as such），殊不知只是由于抽绎而成。这样抽绎以成的显然是有以满足人类某一方面的文化需要。换言之，即人类对付自然。了解自然与解释自然，乃是文化的一‘方面’（phase）。不过常识与科学都有关于自然的，尤其是科学完全在对付自然。”（张东荪：《思想与社会》，辽宁教育出版社，1998，第39页。）有关哲学与科学的根本差异，张东荪也早在20世纪初的“科玄论战”中有过精到论述：“科学是顺进的，而哲学是逆进的。”（张东荪：《科学与哲学》，岳麓书社，2013，第46页。）他又有“逆探说”：“科学的哲学不是真正的哲学。真正的哲学即拿科学本身来批评，即从科学所由成的知识而逆探宇宙的根本。”（同上，第48页）

② 人类曾有过的种种形而上学体系就是这种对终极问题作一劳永逸的解答的尝试，黑格尔甚至宣称他已经一劳永逸地回答了终极问题。这种解答的努力可谓人类曾有过的最具有英雄气概的思想行动。然而，形而上学的巴别塔终究会倒塌。当然，这种解答即便最终失败，也留下了极为丰富的思想资源。直至如今的哲学思考在很大程度上仍然要从黑格尔吸收养分。

当中有没有问题？当然有问题！我们凭什么说两种现象之间有必然的因果关系？如果我们的观测总是经验性的，永远不可能穷尽所有的可能性，那么必然性又从何谈起呢？可如果没有必然性，我们的知识又有多大的可靠性？这种知识除了有助于我们控制自然谋求利益之外，是否还能有严肃的真理性诉求？再比如，所有的科学都研究某种存在者，可当我们称某一种东西存在的时候，这个存在究竟是什么意思？天空中的一片云，记忆中的一段往事，一所搬迁中的大学，作家虚构的一个人物，都以某种方式存在，可它们是同一种存在吗？如果不是，那为何都称之为存在呢？有没有一个基本的范式适用于所有这些情形？一所大学究竟存在于何处？是那些大楼吗？还是一段历史？是学校的师生吗？还是一个登记在册的机构？抑或是那些制度？还是学术思想、某种精神理念？如果是所有这些，那么其中哪一个才是最基本的规定性，是一所大学不能丧失的存在之根？——或者我们还可以举个更接近日常的例子，我们在生活中总是摆脱不了对于好坏的判断，这是个好人，那是件好事，可是判断的根据是什么？是对自己好，还是对社会好？是对自己所在的共同体好，还是对人类而言的好？存在着关于好的普遍标准吗？如果没有，那么在两个持有不同好坏标准的共同体之间，我们如何作出好坏判断呢？如果无法在这个层面作出好坏判断，那么我们在一个共同体内部所谓的好是不是真的好呢？等等。以上所列举的这三类问题，在哲学上分别被称为认识论、存在论和伦理学问题。无论在日常生活，还是在科学研究中，我们通常都是遗忘这些问题的，而且必定会遗忘，甚至必须遗忘。因为我们需要通过搁置这些永恒的问题来向前走去，来参与生活中的事务，把目光转向现实考虑或实证研究中的对象。但这并不意味着这些问题就和我们没有关系了。这些问题之所以通常不会进入我们的视野，是因为它们构成了我们的视角。视角同时具有开显和隐匿的性质。这些构成视角的要素才使得视野成为可能，可恰恰因此而通常无法进入视野。

我们不妨打个比方来说，这些问题就好似空气。空气构成了生命的基本条件，一呼一吸都在空气当中，可我们通常对空气是全无意识的！我们投入到生活当中，奋斗、交际、失落、安慰，我们的生存无不以之为条件。当我们突然感到窒息，感到呼吸的需要和空气的缺乏，这时候我们才会从向前奋进的生活中退到一边，暂停下来，处理这一生命的基本问题。或者，当通常不可见的空气突然变得可见了，出现雾霾了，这时候我们才会意识到空气清洁的紧要。精神生活中的情形与此类似。对于终极问题，诸如我们从哪里来到哪里去，我们是谁，我们活着有何意义，等等，我们所在的文化传统其实是设定了一整套答案的。这些答案或这种对终极问题的安排构成了我们的视野，或者，正形成了我们的精神生活的空气。大到一个政治体的规范和决断，小到个人的生活方式和生活选择，无不基于这种通常不可见的精神生活的空气。无论是在政治体层面还是在个体层面，当我们有一天感觉到窒息，或者当不可见的空气变得可见了，那就是时代或个人生活即将有大危机、大变动的时刻。这是我们被迫退到一边、暂停下来，反思终极问题的时刻。可也有一种相反的情形，就是在众人皆沉浸其中的时刻，我们主动地退到一边，从生活的洪流中抽离出来，也从知识的累积中抽离出来，反思最基本的假定，直面那些深渊性的问题。这就好比有着修行实践的人，时时练习呼吸。这时他是从生活中抽离出来的，如此才能将通常被人遗忘的基本问题、构成视野的诸种条件带入反思或反观。“为学日益，为道日损”，哲学是这样一种反观的目光。

总结言之，哲学，和所有具体科学的不同，就在于它持留于基本问题的领域。于是，什么是哲学的问题就会保留为哲学本身的基本问题。这听起来有些怪异。物理学家、数学家着力于解决具体的物理学和数学问题，但什么是物理学、什么是数学，通常并不是他们要处理的问题。因为这个问题的答案通常是清楚的。有没有不清楚的时刻呢？有，那是科学革命的时刻。比如，当伽利略将望远镜对准星球的时候，他在革新物理学的概念，他在迫使人们重新思考什么是物理学，并且什么是物理学的问题在那个时刻成了物理学的基本问题。伽利略之前的物理学，认为天界和地界的运动是不同类的，天界做着完美的圆圈运动，地界则不然。所以，当伽利略用望远镜观察天界运动，将天界和地界看作同一种机械运动的时候，他在重新定义何谓自然，由此重新定义了物理学／自然学。这个时候，他所触及的事实上不是单纯的事实问题，而是人类理解世界的整个概念框架的问题；不是单纯的观察到什么的问题，而是我们用什么样的视角去观察的问题。这个时候，我们说，他触及哲学问题了。

不过，有关于此，我们仍要作两点说明。首先，伽利略自己并没有系统思考这背后的哲学问题，做了这个工作的是笛卡尔，笛卡尔也因此成为现代哲学的奠基者。① 其次，科学革命并不经常发生，伽利略之后最为重大的科学革命就是二十世纪初的相对论和量子力学。就科学本身而言，科学革命虽触及哲学问题（如什么是时间和空间、什么是物质和运动），可它的目的是在完成范式转换之后，为实证研究重新奠定基础。一旦奠基完成，科学也就不再反复纠缠于这些问

---

① 笛卡尔在《谈谈方法》(1637)中提出了“我思故我在”这个现代哲学的第一命题。事实上，在此之前，他在隐居荷兰期间首先写了一部题为《世界，或论光》(1633)的书。“采取哥白尼的太阳中心说观点，讨论物理学和天文学问题。他还没有写完这部书，就鉴于伽利略因为持太阳中心说而被罗马教廷审讯迫害的情况，恐怕遭到物议，决定不予发表。这件事一般认为是他胆怯的证据，其实只足以说明宗教顽固势力的淫威还大，笛卡尔即使藏在学术思想比较自由的荷兰，也不能不加以考虑。”(王太庆:《笛卡尔生平及其哲学》，载《谈谈方法》，商务印书馆，2015，第4页。)笛卡尔之所以舍弃《世界》转而写作《方法》，除了个人性格上的“胆怯”，或许还因为他通过伽利略的审判看到了现代科学面对教会和神学为自身作合法性论证的需要。事实上，《谈谈方法》的主旨正是要为现代自然科学建立合法性话语。有关于此，可参看本书第二章，以及专题论述笛卡尔的第八和第九章。

题，而是在一个稳固的基础之上展开局部的、可验证、可累积的实证研究。哲学则要持留于深渊之上。科学因此总要追求进步，虽然这种进步从更大的视角来看，也不无可疑，可在一种范式之内概无可疑议。相比之下，哲学毋宁是一种深渊性的学问。哲学不追求进步，而是盘旋于深渊之上；不是踩在前人的肩膀上往前走，而是一种切己反思的思想行动。事实上，我们在哲学上也很难说自己比柏拉图、比孔夫子更进步，情形可能恰恰相反。人类的知识固然可以通过历史的传承而累积，就此而言，我们时代的寻常人了解的东西都比柏拉图、孔夫子多多了，可我们与知识的关系未必更加通透。甚至可以断言，我们离智慧的源头更远了。因为文明在累积知识的同时造成的隔膜也更多，我们需要更多的反思性工作才能消化文明的成果。而智慧不仅关乎知识，还关乎知识的消化，关乎知识与生命的关系，关乎通透的生命态度。与现代知识的高塔和信息的海洋所成就的迷宫相比，倾听希腊神话的柏拉图、浸润于礼乐传统的孔夫子，更能穿透文明本身所造成的迷障，直面人生在世的基本问题。

哲学反思之历史性

总结言之，哲学与科学的共同点都是人类用自己的理性来探索和追问。不同之处在于，科学实证，而哲学反思。这个意义上的哲学研究，首先不是考察柏拉图说了什么，亚里士多德说了什么，康德和黑格尔说了什么，马克思和尼采又说了什么。我们的哲学史教科书往往以这种形态展开，而这带来了巨大的误解。一方面，让人误以为哲学史是如此线性、平滑地展开的；另一方面，让人误以为哲学是一套套的学说，而哲学史是一套学说修正或推翻了另一套学说，然后等待新的学说来推翻。事实上，每一种学说的背后首先是大思想家的圆圈式的反思行动，舍去这样一种本源性的哲思发生机制，所得的只是思想的陈迹和根据这些陈迹所绘制的往往并不可靠的线索。我们要意识到，真正意义上的哲学思考，永远是一种个体而又普遍的切己反思。反思总是个体性的，因为终极问题总是在个体生命中有着真实的开显；反思又总是普遍性的，因为个体不是赤裸裸地来去，而首先总是在一个文化传统、一个时代对于生命的安排中开启自身，其次才与自己总是已然身处当中的现实展开对话性反思，以普遍性之问检验既成答案的特殊性品格。

“未经反思的生活是不值得过的”，苏格拉底这句名言可谓哲学的永恒格言。严格意义上的哲学始于苏格拉底，或始于柏拉图对苏格拉底式生活的追思。① 所谓“前苏格拉底哲人”，大多自称为“自然学家”。那时代的“自然学”具有高度反思性，可对这种反思性的自觉理解，以及对于这样一种“爱智生活”的命名，始于柏拉图对苏格拉底的追思。正

① 参见《申辩》。孔子是可与苏格拉底相提并论的开启式人物，惟中国思想的展开形态与希腊思想大不相同，其中差异意味深长、影响深远，在此暂不作深入探讨。

是柏拉图首先在与智术师（sophistes）相对的意义上把苏格拉底称为哲学家或爱智慧者（philo-sophos）。哲学家不是现成的拥有智慧，而是在与成见的对话中无尽地展开爱智的行动。在这个意义上，只有当苏格拉底式对话将一时代的信念系统而非单纯的自然事物纳入反思的轨道，哲学才在充分意义上展开。而"前苏格拉底自然学家"是在追溯的意义上才被称为哲学家。苏格拉底式哲学家着眼于自身的生活现实，来对自身的信念系统做出反思。而我们研究他们的思想，首先就要问他们着眼于什么。其次，我们之所以要研究他们，得问自己着眼于什么。哲学反思之切身性决定了其历史性。

换言之，要理解柏拉图，我们必须要知道他的思考在针对什么。只有深入了解古希腊的城邦生活和神话系统，荷马史诗和希腊悲剧，自然哲人和智术师，进入柏拉图自身的语境，我们才能明白他在说什么。只有充分理解哲思之历史性的哲学史研究才不会造成概念误植、犯下时代错乱。这样深入语境的哲学史研究无疑十分紧要。舍此我们就无法真正理解那些书写了人类思想史、并在这个意义上构成我们的思想背景之一部分的大哲学家。也只有这样的研究才能"打开"哲学家的作品，"参与"其生动的哲思过程，使之焕发永恒的光辉。①

① "梅洛-庞蒂曾暗示说，如果我们把一个哲学家的作品看作是已经完成了的完整版本的话，我们会错失其真正的意义。"维思库斯：《哲学的启迪》，陈蕾译，黑龙江教育出版社，2017，第5—6页。

可另一方面，如果我们在“言必称希腊”之时，误将哲学史研究等同于哲学研究，那也会有着错失思想实情的危险。这并不是说，柏拉图只是哲学史研究的对象，也不是说哲学史研究与哲学研究是截然二分的。而是说，我们要在哲学史研究和哲学研究之间作出必要的原则性区分。要知道我们如何着眼于自身的语境、出于自己的反思性需要，来研究柏拉图。这个意义上的哲学研究永远是“切己之事”，不是柏拉图反思过了、孔夫子理解通透了，我们就可以照搬他们的学说了。对于柏拉图而言的真理，如果我们照着说一遍，那或许就是谬误。[①] 这个意义上的哲学也永远不能被归结为几条陈述性命题，而始终是个体生命的自我反思的行动。[②] 反思之为自我澄清、自我构造的生命行动，无法由他人代替完成，而是必须亲自完成，也必须在每个时代以切合自身问题的方式进行。

因此，即便“哲学是什么”本身不是一个单纯历史性的问题，哲思活动的具体开展必定是历史性的。因为哲学是对自身信念系统的切己反思，历史处境不同，我们的切身问题的提问方式和问题次序就不同。在古希腊，这个历史语境是城邦生活，柏拉图所要反思的是凝聚了城邦共识的神话及其

---

① 尼采在《偶像的黄昏》中就依此逻辑构造了西方思想史：“‘真实世界’最终如何变成了寓言。”（《尼采著作全集》第六卷，孙周兴、李超杰、余明锋译，商务印书馆，2015，第 97—98 页。）

② 这恐怕正是分析哲学的症结所在。以单纯形式化的概念或命题分析替代历史性考察，至少有着失却哲思本义的危险。

瓦解，要处理哲学与城邦的紧张关系。从中世纪直到早期现代，这个历史语境是基督教教会，哲学家们要处理的首先是理性与启示的关系问题。在十八世纪下半叶，科学和启蒙取得长足进步，可理性自身的危机、道德人心、社会秩序的危机愈发凸显，这是康德和黑格尔的思想语境。而在我们的时代，高速运转的资本—科学—技术系统才构成了我们切身的问题处境。在这样一个时代，“我们学会了漠视日出日落和季节更替”，“分分秒秒的存在不是上帝的意图，也不是大自然的产物，而是人类运用自己创造出来的机械和自己对话的结果”。[①] 事实上，即便我们最基本、最日常的时间观和空间感，都已经离不开技术系统的规制。哲学反思之历史性因而决定了我们要考察资本—科学—技术系统对于自身生命的规定性。

概言之，哲思的恰当姿态不是朝向过去，也不是预判未来，而是直面真实的现在。只有以现在为地基，过去方可免于腐朽，而未来才不会失之空泛。

哲学反思之现实性

可哲学如何反思？哲学如何能够讨论人工智能和基因工程？以及当代科学和技术在更广范围的发展？在具体问题上，我们当然要聆听技术专家的看法，面对具体问题时，我

① 尼尔·波兹曼：《娱乐至死》，章艳、吴燕莛译，广西师范大学出版社，2009，第 12 页。

们也无可避免地要在视域内实证地看。哲学无法替代实证研究，哲学也并不意图替代实证研究，而是另有着眼点。哲学着眼于基本概念、反思那构成了视角的信念系统。只要基本概念未经反思，那么我们的认识无论如何进步，知识无论如何累积，总脱不开“信念”或“意见”的性质。这个意义上，我们反思的是自己的目光。

之所以有实证和反思的区分，就因为现实和概念之间具有如此深刻的关联，以至于我们不能简单地持有某种概念与现实截然二分的态度来理解概念与现实。哪怕我们最基本的感官经验，其实也不是脱离概念的现实。比如，我们不是抱着一团物质，而是抱着一本书在阅读；我们抬头看窗外，望见的是一棵绿树上结了红色的果实，而非一团混乱的颜色；我们闭上眼睛聆听，听到的是一辆公交车缓缓驶过，或者一群鸟儿在欢叫，而非一阵单纯的声波。在我们最基本的触觉和视觉经验中，就已经有着概念构造。我们或许会想着进一步把自己的视觉和听觉还原成神经活动，可我们要注意，神经活动不等于我们的看和听，更不等于我们真实地置身其中的生活世界。我们在还原中是有损失的。损失了什么？损失了意义，以及整个人性的世界。生活世界总是意义的发生，当我们抱着科学主义观点试图将一切意识现象都还原为神经活动、将一切生命现象都还原为基因遗传规律、将一切物质都还原为最基本的粒子的时候，我们便在看似严格的操作中遗忘了真正人性的世界。这个世界是一个有着概念构造和意义性联结的世界。①

说起“真正人性的世界”，我们不妨再举一个文学作品的例子。因为文学家往往敏感于此。大文学家写人物决不肯千篇一律，而是会参透人物的视角，将之带入笔端。从具体人物所独有的视角出发，也才能写出真正活灵活现的文字。比如,《红楼梦》中，黛玉的话就绝不会从宝钗嘴里说出，宝玉和薛蟠的言行也绝不会让人混淆。尤其难能可贵的是，作者不但善于写大观园里的主角，而且对每一个小人物都下描绘的功夫，其中最为突出的大概要数刘姥姥。② 我们且来看看曹雪芹是怎么描写刘姥姥一进荣国府的：“刘姥姥只听见咯当咯当的响声，大有似乎打箩柜筛面的一般，不免东瞧西望的。忽见堂屋中柱子上挂着一个匣子，底下又坠着一个秤砣般一物，却不住的乱幌，刘姥姥心中想着：‘这是个什么爱物儿？有甚用呢？’正呆时，只听得当的一声，又若金钟铜磬一般，不妨倒唬的一展眼。接着又是一连八九

① “凡是属于人性的东西，凡是让我们关切的东西，都处在自然科学之外。”(艾伦·布鲁姆：《美国精神的封闭》，战旭英译，译林出版社，2007，第306页)布鲁姆此言与海德格尔的“科学不思”相似，看似粗暴，实则颇为中肯。他接着说：“在某种程度上，这个有些不可捉摸的东西或因素，是科学、社会、文化、政治、经济、诗歌和音乐存在和发展的原因。”(同上)他所谓“不可捉摸的东西”，指的就是人性。

② 当然，刘姥姥并非一般意义上的小人物，而是贯穿全书的一个线索性人物。此不赘言。

下。”① 我们知道，刘姥姥看见的是西洋钟。作者的高明就在于，他能从刘姥姥的视角去看，在这个视角里硬是没有钟的概念，而只有农村老妇生活中的“匣子”、“秤砣”之类。所以，刘姥姥是看不见钟的。如此下笔，这个人物一下子就活了，这段文字也就有了出奇的戏剧性。真实的世界是活生生的意义关联，在科学主义信仰使人错过“世界现象”的时代，文学作品愈发突显出其深入人性现实的意义。

事实上，即便科学主义的还原论立场也离不开这样的概念构造，试问何谓神经活动、何谓基因、何谓基本粒子？我们仍然离不开这样的概念，哪怕这些概念仅仅在显微镜下才有意义，可只要是人类的眼睛在通过显微镜观察，只要是人类在认识这个世界，那我们就无法摆脱最基本的概念框架。如黑格尔所言：“它渗透了人的一切自然行为，如感觉、直观、欲望、需要、冲动等，并从而使自然行为在根本上成为人的东西。”② 概念如是深刻地参与现实、构造现实。如前所述，这样一些概念框架涵盖存在论、伦理学和认识论等诸方面，组成我们看待事物的视角，在此意义上也构成了我们通常不加反思的信念系统，而对之加以反思就是哲学的工作。

有必要着重说明的是，所谓“信念系统”并不是说，哲学只反思主观的一面，而是说，包括主客之分，包括什么是

① 参见曹雪芹：《红楼梦》第六回，人民文学出版社，1996，第97页。
② 黑格尔：《逻辑学》(上卷)，杨一之译，商务印书馆，2004，第8页。

客观的，也就是我们的客观或实在性概念本身都是信念系统的组成部分。比如在柏拉图看来，我们日常称之为实在的东西就并不实在，因为它总在流变之中，对之也无法有真正的知识可言。所以“信念系统”这个表述并不十分恰当，因为听起来有着太多主观色彩，但其实哲学所着眼的“信念系统”恰恰是我们最深的生活现实，并不是想信就信、不信就没有的个体性的虚假观念，而是已然先于主客观区分的领域。并且，这个表述听起来像是我们有意识的信念，但其实这个领域对于大多数人而言往往是被无意识地假定的，是我们真实而具体的自我意识的一部分。可只要我们留意这两点说明，“信念系统”仍是一个能够说明问题的表述。

无论如何，哲学试图深入的是构造现实的概念，而非现实之外的概念。哲学是着眼于基本概念而对信念系统的 Reflexion［切己反思］和 Re-conception［概念重构］，由此实现一种根本的 Re-formation［改换形式］，为现实赋予新形式。如梅洛-庞蒂所言：“真正的哲学就在于重新学习看待世界。”① 这样一种哲学行动蕴含着人之为人的要义，无古无今、东西一源。曹雪芹说，他之所以要写《红楼梦》，就是要“令世人换新眼目”。我们不妨化用曹公之言来界定哲学：以新眼目考察现实；更令世人换新眼目，以此介入现实。

眼下这本小书自然没有这等宏愿，它只对技术时代的哲

① Maurice Merleau-Ponty, *Phenomenology of Perception*, translated by Colin Smith, Routledge & Kegan Paul, 2002, p.xxiii.

学问题作了初步的考察。虽如此，这种考察仍然出于真切的反思性意图，我也因此将之理解为一种颇为另类却又切题的哲学导论。这种导论意在引导读者以反思的目光关注我们身处其中的现实。有关“现实”，我们无法在前言中谈得更多。不过，在这种考察的开端处，我们不妨预先提出“还原与无限”这两个基本词语来指示全书的路径。至于这种考察是否切实有助于我们完成一种历史性摆渡，这就并非单纯的思想之事了，而且只能取决于历史性发生。不过，我们能期待的，是由此提出技术时代的哲学问题，从技术时代的焦躁和喧嚣中完成一种思想性摆渡，抵达技术时代的前提、根基和边界。这是我为这部导论所规定的任务，至于完成到何种程度、做得成功与否，要交给读者朋友们来评判了。

何谓技术时代?

所谓“技术时代”，指的不只是技术发达的时代，而且是技术在根本上支配了我们的感知方式、信念系统以及周遭世界的时代。借用阿伦特的话来说，技术时代关乎“人的条件”，是技术发展在改变“人的条件”的时代。人在追求主体性的过程中丧失了主体地位。

因此，“是我们用技术，还是技术在用我们?”这个问题并非初看上去那么简单。技术工具论预设了“我们”的主体地位，而这恰是技术时代最具欺骗性的假面，遮掩着技术时代最基本的现实。

我们将通过“资本—科学—技术的三位一体结构”澄清技术时代的概念，以技术系统论替代技术工具论，并以技术时代为问题视角重读利奥塔的《后现代状态》、重解雅斯贝尔斯的轴心时代论，从而在更宏阔的历史叙事中理解技术时代的大问题。

第一章　资本—科学—技术的三位一体结构

一

什么是现代技术？我们如何恰当地谈论现代技术？随着人工智能和生物技术的发展，有关技术的讨论愈益热烈。它不再只是一个技术专家在实验室里处理的问题，而是成了社会舆论、影视作品和思想对话的热门主题。这当中充满了许多非常可疑的谈论方式，如赫拉利的现象级畅销书《人类简史》和《未来简史》中就有许多值得检讨的谈论方式。再比如，影视作品和大众传媒中充斥了各种机器人要统治人类的想象，这些想象已然成了一种当代人的“技术乌托邦”。或悲观或乐观。在这些谈论和想象中，悄然混杂着许多未经审查的历史哲学成见，乃至晦暗不清的神学要素（如末世论）。许多可疑的乃至不合法的话语方式四处蔓延，化为一些危言耸听的标题，预言甚至助产某种尚未到来的大变革。检讨这些谈论方式，或批判当代人的乌托邦想象，因此是当下思想的一个重要任务。不过，本书暂不打算直接切入这些主题，而是以这些问题为背景，讨论现代技术的本质。我们只有澄清了现代技术的本质，才能进一步去检讨那些流行的谈论和想象。

在当代哲学中，本质却是一个十分可疑的说法，一个落伍的词汇。一旦提及本质，仿佛就落入了旧形而上学的窠臼。我们仍然选用这个词语，是因为这个词语在技术问题的分析框架中仍有恰当的指示作用。我们将其用作路标，指示我们去考察技术所处的本质关联。这种考察意在揭示，只有从这种本质关联出发，现代技术才能得到恰当理解。而我们通常不可避免地误解现代技术，就因为这样一种本质关联并不会自动浮出水面，它毋宁总是倾向于隐匿自身。一旦遮去了本质关联，对于现代技术的误解、崇拜和虚假意识就会泛滥开来，这个本质关联的统治地位也就愈发稳固。哲学对于技术本质的追问因而是一种马克思和尼采意义上的批判，而非形而上学意义上的沉思。不是反映和静观，而是揭露和批判。①

① 在法兰克福学派中，马尔库塞首先指出，韦伯意义上的合理化实际上是隐蔽的统治。如斯蒂格勒所言，哈贝马斯的技术批判受到马尔库塞的决定性影响，他们都在韦伯式合理化中看到了一种以合理化的名义隐匿自身的统治形式，这种新型统治因而有待批判性揭示："在韦伯所说的合理化中，占支配地位的不是理性，而是一种以理性为名义的新的政治统治形式。最为重要的是，它不再被认作政治统治，因为它是通过科技理性的进步来将自身合法化的。"斯蒂格勒：《技术与时间》，裴程译，译林出版社，2019，第 13 页。译文根据英文本作了些许调整。Bernard Stiegler, *Technics and Time, 1: The Fault of Epimetheus*, translated by Richard Beardsworth and George Collins, Stanford University Press, p. 11.

这种本质关联的揭露和批判相应地也绝不声称完备性，而是始终处在进一步揭露和深入批判的可能性中。这是我们的本质概念不同于旧形而上学的第二个方面。所以，我虽提出资本—科学—技术的三位一体结构，可绝不认为这是一个封闭的结构，比如民族国家就是可能的“第四要素”。[①]端出这个结构，也就是先搁置对其他要素的讨论，先将这一个结构作为相对自足的本质关联来讨论，是解蔽之思的第一个步骤。就此而言，“本质”概念所蕴含的“本质化”方法在这里还有一种方法论的意义，即尼采意义上的“实验哲学”的方法，这是区别于旧形而上学的第三点。

二

所谓资本—科学—技术的三位一体结构，是指只有从这三者之间的关联出发才能理解三者中的任何一者，它们的本质就在于这种关联，这种关联才是本质所在，这种关联也因此是一种本质关联。具体而言，当下的资本实际上是科学—技术—资本，脱离与科学—技术的这种本质关联，就无法充分理解资本。只要瞥一眼各类富豪榜、回顾一番高科技，尤其是互联网企业的发展，就会清楚地看到，当代的资本，其增长在总体上主要凭借科技创新。凡是赶不上科技创新的风潮，或在科技创新的关键节点上走错方向的企业，都有可能

① 因此，出于这一策略性考虑，本书在行文中对国家资本和私有资本不作明确区分的讨论。

在一夜之间被淘汰，如柯达、诺基亚这些红极一时的跨国集团，都在智能手机、在苹果华为们的快速崛起中迅速败退。如利奥塔所言，“18 世纪末第一次工业革命来临时，人们发现了如下的互逆命题：没有财富就没有技术，但没有技术也就没有财富”。①资本与技术的这层关联已经是现代世界的一个古老命题，无需多言。②

更值得注意也更少得到思考的是，当下的科学实际上也是资本—技术—科学。离开与资本—技术的本质关联，就无法充分理解现代科学。现代科学以课题规划的形式展开，不再是倚靠个体好奇心和求知欲来推动的事业，而是以课题组和实验室为单位的集体研究，具有明显的“学术工业”的特点。随着“科学成为一种生产力”，“那些在企业中占优势的工作组织规范也进入了应用研究实验室：等级制、确定工作、建立班组、评估个人和集体的效率、制定促销方案、寻

---

① 利奥塔尔：《后现代状态》，车槿山译，南京大学出版社，2018，第 156 页。（按：利奥塔尔通译作利奥塔。）

② 就资本与技术的当下关联而言，有经济学者注意到，“自 20 世纪 70 年代以来，全球经济一直受到制造业产能过剩和生产过剩的困扰”。于是，从 20 世纪 90 年代以来，美国试图通过“资产价格凯恩斯主义”，也就是通过降低利率来刺激经济。“这导致了 20 世纪 90 年代的互联网繁荣以及 21 世纪的房地产泡沫。”（斯尔尼塞克：《平台资本主义》，程水英译，广东人民出版社，2018，第 104—105 页。）因为资本在金融资产回报率降低的环境中，“不得不转向日益有风险的资产”，科技公司，尤其互联网公司成了首选。（同上，第 34 页）一言以蔽之，“资产价格凯恩斯主义”所建立的“全球经济的低利率环境”，是“当前对科技初创企业的狂热背后的根本驱动因素之一”。（同上，第 105 页）

找客户，等等”。[①] 在现代科研体系中，个体的好奇心和求知欲、对真理的热爱虽然不乏意义，可绝不是这个体系的发动力，毋宁只是体系的润滑油。[②] 如果依赖于个体的求知欲，如果研究只是闲暇之事，那么科学的发展就会具有相当程度上的偶发性、随机性，而这正是课题规划所要竭力避免的，是不能被现代科学的本质所允许的。这样一种科学的发展根本脱不开技术的应用和资本的支持，并且资本之所以会支持科学，根本上并不是出于真理之爱或慈善的目的，而是因为科学的发展能够兑现为技术的应用，能够满足资本的逐利本性。由于科学发展的巨大投入和长期回报性质，许多重大项目的背后甚至必须得是国家资本。从这个角度，我们也可以理解为何现代世界会有“知识产权”和“专利”等概念，因为只有严格的知识产权保护，才能促进资本投入科研，才能保护资本在这种投资中获益。学术工业也才获得其根本推动力，强劲地运转起来。

现代科学之所以与资本有着如此紧密的关联，乃是由于它的技术本质。在哲学史上，海德格尔最为深切地看到了现

---

① 利奥塔尔：《后现代状态》，车槿山译，南京大学出版社，2018，第156—157页。

② 利奥塔固然强调，“即使在今天，知识的进步也并不直接依赖科技投资的增加”，可这里的关键词是“直接”。也就是说，科学仍有偶发性，投资的增加并不能保证知识的进步。“但资本主义为研究经费这一科学问题带来了解决办法”，他同样强调，科学根本上和技术—资本勾连在一起了，这种勾连并且会反作用于科学的组织方式。（同上，第156—157页。）

代科学的技术本质。他敏锐地指出，现代技术的本质首先已然表现在现代精确科学的兴起中。从时间上说，现代科学的兴起在先，现代技术的发展在后；可从逻辑上说，却是现代技术的目的在先，现代科学的发展在后。① “作为纯粹理论”，现代物理学，“已然摆置着自然，把自然当作一个先行可计算的力之关联体来加以呈现”。② 换言之，现代科学骨子里已然告别希腊科学—哲学的沉思品格。现代技术看起来只是现代科学的应用，实际上科学与技术的二分已被突破，现代科学在开端处已然具备卓越的技术品格。③ 从海德格尔的眼光来看，现代物理学在本质上就是一种操纵自然的“技术

---

① 当利奥塔说，“技术与利润的‘有机’结合先于技术与科学的结合”（同上，第156页），他一方面正确道出了技术与科学在古代世界的分离情形（具体参看下文分析），另一方面又仅仅从时间上理解现代技术与现代科学的关系了。在这一点上，他的说法更符合一般的思想史叙述，可这种眼光似不如海德格尔那么深邃，没有看到现代科学的技术潜能，以及培根式技术筹划。当然，也可以说，海德格尔着眼于科学的技术潜能，而利奥塔着眼于其技术实现。斯蒂格勒的视角一方面与利奥塔接近：“随着技术范围的扩展，科学本身受其调动，和器具领域的联系越来越紧密，它被迫服从于经济和战争冲突的需要，所以改变了它原有的知识范畴的意义，显得越来越依附于技术。这种新型关系产生的能量已在两次世界大战中爆发。”可在另一方面，当他紧接着援引胡塞尔批判“几何学算术化”的时候，他的视角又和海德格尔接近，把现代科学的技术本质看得更为深远了：“在纳粹控制德国的时候，胡塞尔曾通过代数这门计算的技术，分析了数学思维技术化的过程。这一过程始于伽利略。”斯蒂格勒：《技术与时间》，裴程译，译林出版社，2019，第3页。

② 海德格尔：《技术的追问》，载《演讲与论文集》，孙周兴译，商务印书馆，2018，第23页。

③ 有关于此，请参看本书第八章《笛卡尔实践哲学发微》。

科学”。沿着海德格尔、早期哈贝马斯等人的路线，勒拉斯（Lelas）明确地提出了技术科学或“科学之为技术”（science-as-technology）的说法。不是先有纯粹的理论科学发现自然规律，然后才有技术凭借知识改造世界；而是技术应用作为“目的因”引导着现代科学，科学理论最终关乎技术应用。①

有关于此，现代性的设计师培根在《新工具》第3节已然作了极精炼的表述：“人类知识和人类权力归于一；因为凡不知原因时即不能产生结果。要支配自然就须服从自然；而凡在思辨中为原因者在动作中则为法则。”② 而要实现人类知识和人类权力的归一，首先要排除目的因，因为目的因的考察指向神圣秩序，目的因视野下的自然内在地抵制无差别的量化。如黑格尔所言：“培根反对对自然作目的论的考察，反对按照目的因来考察自然。他认为探索目的因是无用的，没有益处的；从动力因来考察才是主要的事情。”③ 以“目的因”来分析现代科学的技术本质，因此多少有些反讽的意味。不过，培根十足坦白地承认了他抛弃目的因的目的，此即“人类权力”。这是他为人类知识所规定的新目的。他构想中的《伟大的复兴》因此附有标题：“论人类的统治”。总之，现代科学是技术—科学，技术是其目的因，而资本则充

---

① 《爱思唯尔科学哲学手册·技术与工程科学哲学》，安东尼·梅杰斯主编，张培富等译，北京师范大学出版社，2016，第97—98页。

② 培根：《新工具》，许宝骙译，商务印书馆，1986，第8页。

③ 黑格尔：《哲学史讲演录》第四卷，贺麟、王太庆译，商务印书馆，1996，第27页。

当了动力因的角色。于是，总体来看，现代科学是资本—技术—科学，无论科学家们是否有意识地接受了培根式筹划，现代科学的潜能最终都实现为“资本—技术—科学”。

同样，当下的技术实际上也是资本—科学—技术，离开与资本—科学的本质关联，就无法充分理解现代技术。说明这一点是本章接下来的主要任务。

三

现代的技术概念 technology 虽然源于古代希腊的技术或技艺概念 techne，内涵却发生了极大改变，甚至翻转。在现代的技术概念中，我们可以发现技术之（希腊）本义的丧失。在亚里士多德的知识分类中，techne 构成了一种自主的知识门类，虽然这种门类的知识，地位不如实践性或政治性的 phronesis［明智］和理论性的 episteme［知识］，可毕竟是一个不可替代的知识门类。techne 与制作相关，并且首先是手工性的，是在手工性的制作经验中扩展而来的知识类型。作为一种知识类型，技艺源于经验而高于经验，“合乎逻各斯的品质”。可与单纯的理论知识不同，技艺是与人造物、与制作打交道，并且不是单纯的认识，而是制作中的认识：“学习技艺就是学习使一种可以存在也可以不存在的事物生成的方法。”[①] 因此，techne 是制作中带有手工性和默会

① 亚里士多德:《尼各马可伦理学》，廖申白译，商务印书馆，2017，第 171 页，1140a10。

性的知识，这种知识不离特殊对象。并且这些特殊对象（即人造物）有一个独特的、不同于自然物的存在领域："技艺同存在的事物，同必然要生成的事物，以及同出于自然而生成的事物无关，这些事物的始因在它们自身之中。"① 由此，亚里士多德得出了一个有趣的观察："技艺与机运是相关于同样一些事物的。"可见，在希腊人的观念中，技艺自成一格，并非理论知识的运用。我们考察古代科学史和技术史，也会发现，这两者虽然互有影响，但本质上是相互独立的两个系统。②

现代技术则在两个方面根本不同于希腊的技艺：（1）现代技术根本关联于现代科学知识，没有科学知识作为基础，现代技术的高度繁荣和加速发展是无法想象的——也就是说，现代技术与古代技术的地基根本不同，前者是现代科学，而后者是大师和学徒们的制作经验；（2）相应地，与古代技术根本上的手工性相反，现代技术恰恰意在替代手工，用机械替代手工甚至是现代技术的基本特征。这种替代越是彻底，越是不赖于"机运"，技术也就越成熟、越发达。从这个意义上说，人工智能的发展是现代技术的本质冲动的最终实现，是用全然自动的智能系统替代人类的很大一部分

① 亚里士多德：《尼各马可伦理学》，廖申白译，商务印书馆，2017，第171页，1140a10。

② 由此也可以理解，中国古代何以有着高度发达的技术水平，却没有产生西方意义上的科学。这是国内思想界已经有过许多讨论的"李约瑟问题"，此不赘述。

“脑力劳动”，首先是其中机械运算的部分，进而用机械运算模拟更高级的、非机械的脑力劳动，将之还原为机械的运算。最终，人工智能化的机械系统将在广泛的领域竭尽所能地取代一切人类劳动，包括“脑力劳动”和“体力劳动”。

如果不理解技术概念的古今之别，就会误解现代技术的本质。从古代技术到现代技术并非人类技术能力的线性发展，而是人类生存方式及相应的技术概念的“范式转换”。古代技术是具体的，是植根于生活经验和各种制作经验的，这种活生生的具体经验才是古代技术的地基和领域。其次，古代技术的本己领域是人工而非自然，可人工亦不脱离自然之为一切人类生活领域的地基，这个自然地基既包括外在自然，也包括人性自然——这个自然地基本身因此不在技术操纵的范围。而现代技术则是抽象的，它的出发点一开始就是要从具体性中脱离出来。这种特征，如果我们追踪每一种技术的发展都可以看到，因为只有实现了抽象化，也就是不再依赖具体情境和手艺人的具体经验，技术才能获得无限制的发展，发展为一个普遍有效、可以大规模复制的系统——而自然本身恰恰是这个系统着力开发和操纵的对象，包括外在自然和人性自然。①

① 此处无暇细考古今自然概念的演变。大致说来，古代的自然是超越于人工物，位于制作领域之上的自在存在的领域，是超越习俗限制的规范性来源；而现代的自然则恰恰是人类控制和改造的主要对象，是与主体相对而言的客体。

由此可以理解，现代的科学—技术何以与资本结合而成一个首尾贯通的系统。一方面，资本需要“学术工业”进行有组织有计划的科学—技术研究，来不断增进生产效率、研发一代又一代的新产品，使得“研发—生产—消费”的圆轮不断加速转动，从而实现自身的不断增值；另一方面，科学—技术也需要资本的投入来支持学术工业，来进行以往时代根本无法想象的大规模实验和研究。在惊人的资本力量的支撑下，科技不断取得惊人的进步，科幻的想象日益加速地转变为现实的议题，以致科幻文学成了当下最引人注目的类型文学。科幻电影更是成为主流电影，仿佛走进影院就能看见未来的模样。科学—技术之“用”，需要在资本系统中获得兑现，如此才能获得进一步发展的动力。最终，这种系统的自我维系、自我繁殖，系统自身的“效率”或“性能”替代了任何超越于此的目的论设置。增长而非善好才是这个系统的内在要求。①

四

由此我们触及了一个关键问题：技术是工具吗？如果技术是工具，那么人类掌握了这个不断改进、加速改进的工具来增进自己的福利，岂不是既合理又最可向往的吗？技术工具论也就意味着技术中立论，因为既然只是工具，那就不涉

① 有关于此，可进一步参看本书第二章“技术时代的元叙事”。

及目的，那就意味着技术本身是中性的，有待检讨的不是技术的惊人发展，而是人类的伦理观念，有待展开的单单是目的领域的讨论，是应用伦理学。而这不正是目前我们讨论此类问题的惯常方式吗？

技术的发展事实上一直与人类的普遍解放这个政治哲学的主题相关。早在现代自然科学兴起之前，基督教已经为古代技术向现代技术的转型提供了最初的动力："基督教对于技术的意义在于，它废除了奴隶经济，一度充足而廉价的人类劳动力现在变得稀缺，于是要用各种自然力来取而代之。"① 基督教信仰所鼓舞的解放人类的需要促进了对自然的操纵，而只有当科学—技术开始有理论、有组织地操纵自然，人类才得以进一步从机械劳动中解放出来。自现代技术兴起之后，技术与进步、自由、发展、创新和未来等典型的现代意识一起组成了我们所处身其中的这个世界的核心议题，技术进步被视为人类自由得以不断实现的物质基础，人类从必然王国向自由王国迈进的力量保障。于是，从历史哲学的角度来看，技术显然不是单纯的工具，而是与现代人类的生存理想、与整个现代性方案紧密相关的要素。而在现代性方案中，它又特别地以工具的形态呈现，正如科学以真理的形态呈现、而资本以世俗利益的形态呈现。技术工具论和

① *Handbuch philosophischer Grundbegriffe*, hg. Von Hermann Krings, Hans Michael Baumgartner und Christoph Wild, Band 5, Kösel Verlag München, 1974, S.1475ff.

中立论成了现代技术最具欺骗性的伪装，是现代意识形态的一个重要组成部分。

如果一定要从目的角度来说的话，那么我们以技术为工具所要实现的那个“目的”，恰恰是一个非目的论的“资本—科学—技术”系统。借助这个看似悖谬的历史实情，我们可以提出两个相互关联的论证来反驳技术工具论：（1）运用技术工具的人事实上同时被工具化了，技术工具论因此瓦解了自身的逻辑基础；（2）取代所谓人类目的而成为现代技术动力的是这个系统的自我增长，技术工具论所预设的手段—目的论恰恰已被现代技术所抛弃。有关第一个反驳，我们可以径直引用海德格尔的论述：“在树林中丈量木材、并且看起来就像其祖辈那样以同样步态行走在相同的林中路上的护林人，在今天已经为木材应用工业所订置——不论这个护林人是否知道这一点。护林人已经被订置到纤维素的可订置性中去了……”[①] 人自以为是这个系统的主宰，因此而持有一种工具论的技术观，可事实上，技术的本质从来不是工具。古代技术并非一种单纯的工具，而是一种知识形式；现代技术更不是一种单纯的工具，因为人自己也被卷入其中，成为系统的一个环节。是我们用技术，还是技术在用我们？这个问题并非初看上去那么简单。作为人力资源的现代人和他所掠夺的自然资源一样，都是等待资本—科学—技术系统

① 海德格尔：《技术的追问》，载《演讲与论文集》，孙周兴译，商务印书馆，2018，第19页。

开采的原料，都被不断地投入系统的高速和加速运转中去。

如果说第一个反驳所针对的是技术工具论中所预设的那个特殊目的，即人类的福祉，那么第二个反驳则力图指出，资本—科学—技术系统事实上的非目的论特征，一个非目的论的自我增长系统替代了一切目的论系统。增长之所以不构成目的，是因为增长之为增长是同质的和无限的。而手段—目的必定得是一个有限性系统，不能无限性后退，否则会陷入“恶的无限”。换言之，只有确定了至善，才能让一系列的目的成为目的，手段成为手段，而不至崩溃为无意义的链条。这样一个系统也必定不是同质的，因为手段目的系统有着一个朝向至善的内在秩序。而增长的无限性想象其实无法也不需要设置至善，它需要的是克服阻力，形成一个快速运转、更快运转乃至自动无限运转的系统。而克服阻力的根本是抽象化，（1）即将事物和人类从手段—目的—至善系统中抽离出来；（2）也从具体的生活情境和视域中抽象出来；抽象成一个个“原子”，使之可以标准化处理。这些原子没有一个世界或宇宙中的属己的位置，而是只占据一个无限系统中的空间。这个意义上的抽象化是现代技术的本质特征，并且搭建了整个现代性基本架构。如果说现代资本—科学—技术系统确实实现了人的解放，那也是从一切习俗和传统对于至善的超越性规定中解放出来，是从一切宗教和权威、从一切目的论系统中解放出来，而这种解放随即又将人类置入一个原子化、同质化、抽象化的增长系统。即便不说解放意味着新的奴役，也必须得说，解放是以另一种方式重新规定了人类的生活。看不清这种新的规定性，或仍然从旧的规定方式来理解这种规定性，就会导致种种盲目的技术乐观主义。从古代到现代，转动世界的阶层从依据于某种目的论的“哲人—教士—武士”转变成了植根于一个非目的论系统的“科技精英—政治明星—传奇商人”。整个现代世界的基本特征就是告别目的论，其构造模式是（无限）增长而非（有限）善好。所以，看似“科技精英—政治明星—传奇商人”在转动世界，其实他们也是被转动的。只不过他们在被转动起来之后，再来转动他人。他们是这个体系的传送带。他们同样服从这个体系的不断抽象化和无限自我繁殖的运转逻辑。这个系统也就是海德格尔所谓的“集置”（Ge-stell），集置即集原子间的各种订置关系（be-stellen）于一体的系统。[①]

当斯蒂格勒说，“和手段范畴格格不入的技术体系性在现代技术之前就已存在”[②]，他首先在吉尔（Bertrand Gille）的意义上运用“技术体系”的概念。这个概念首先是历史学的，一方面着眼于不同技术体系或系统的更替，另一方面着眼于技术系统与其他系统的关联。其次，斯蒂格勒仍

---

① 人和物都在这个系统中被订置。因此，在后期海德格尔的存在之思中，技术问题和虚无主义问题，实为一个问题。虚无不只是人生的了无意义，而且是物的抽象乏味。事物在现代性的资本－技术宰制中，失去了“自然”或“自在”，成了可以彻底量化因而可以被彻底计算和控制、可以无限复制的同质原子。

② 斯蒂格勒:《技术与时间》，裴程译，译林出版社，2019，第 28 页。

然坚持现代技术的独特性，他沿用海德格尔的说法，称之为 herausfordernd［促逼的］，他问的因而是：“怎样从历史的角度来把握和描述现代技术特有的促逼性的体系功能？”① 这种“促逼”也就是我们这里所谓的“不断抽象化和无限自我繁殖的运转逻辑”。

总而言之，现代技术绝非工具，而是系统。工具论从根本上误解了现代技术的本质，是诸多非反思的技术乐观主义的主要思想基础。要理解现代技术的本质，就必须从蕴含了手段—目的论的工具—中立论转向非目的和抽象化的系统论。这个系统的动力是资本，根据是科学，而最强有力的现实形态则是技术。故而我们将之命名为“资本—科学—技术”，技术是这个系统的实现形态，资本是其系统动力，而科学则是其知识根据。当代技术的发展，离开技术与资本和科学的勾连，是断然无法得到理解的。因为当代技术的发展机制本身绝不是纯粹的技术问题，而是受到资本的不竭推动，并有着现代科学所构筑的庞大知识体系作支撑。分言之，则现代资本是“科学—技术—资本”，现代科学是“资本—技术—科学”，现代技术是“资本—科学—技术”。此三者构成了一个三位一体结构，舍弃其他两者都会使其中任何一者丧失其自身的本质，只有在这个三位一体关联中，其中的任何一者才能得到充分理解。不但如此，这个三位一体结

① 斯蒂格勒：《技术与时间》，裴程译，译林出版社，2019，第 28 页。译文有改动。

构还构成了我们当下最大的现实。它是真正在推动这个世界的力量。现代人的强力和无力、命运和危险都基于这个结构。

五

只有从资本—科学—技术的三位一体结构出发，我们才能更为深刻地理解当代技术最激动人心的发展。我们无法在此对人工智能和生命技术作更为具体的分析，仅满足于提出一个总体上的看法，即人工智能和生物技术看似是对人类生存境况的改进，可事实上是将人类更深地卷入这个资本—科学—技术系统。前者是从技术工具论的眼光去看，后者则是从非目的论的系统论眼光去看。前者基于现代资本—科学—技术系统的虚假意识形态，只有后者才是看待当下技术发展的恰切视角。也只有从这个视角出发，才能对当下急速前进的技术发展做出一种冷静的批判。如果说，人工智能还是这个现代订置系统的进一步发展的话，那么生物技术，尤其基因工程就意味着人不只是作为终端被纳入这个订置系统，而且人自身成了订置的对象，原则上成了商品。基因编辑面临巨大的伦理风险，可最大的风险还不在于对个体权利的侵犯，而在于将人身上最后的自然出让给了“资本—科学—技术”系统。资本从细胞层面深入到了基因层面。相应地，这个系统所带来的最大危险并不是现代价值系统之下的伦理风险，而是更深刻的人性危险。如海德格尔所担忧的那样，人由此“走到了悬崖的最边缘”：“也即走到了那个地方，在那里人本身只还被看作持存物。可是，恰恰是受到如此威胁的人膨胀开来，好像周遭一切事物的存在都只是由于它们是人的制作品。”①订置一切的现代主体也将自身置入订置关系之中，订置者在订置之际复被订置，登峰造极的现代主体恰又被客体化了。这或许可以被称为一种“订置辩证法”。

诚然，当下政治体的竞争力，当下世界问题（如能源问题、生态问题）的解决，无不依赖这个系统。可人性生存之为一种存在现象无论如何独特，都有着无可摆脱的自然限度，我们无法依赖这个系统解决一切问题，现代性的“人类中心主义承诺”实有一种根本上的僭越冲动。这种僭越企图以现代技术的无限潜能超逾自身生存之有限性。不是直面有限性，而是企图增强力量来达至无限性，基于人工智能和生物技术的各式人类增强技术正是这样一种现代方案的典型体现。可恰恰带着这种人类中心主义的妄念，现代人陷入了系统的无限支配。强力的另一面恰恰是无力。

赋予现代人以强力的资本—科学—技术系统所造成的现代人的无力感，可以大略概括为三个方面：（1）置身于这样一个已然“全球化”甚至正在“太空化”、“宇宙化”的系统，我们倍感自身的渺小与无力。我们即便已然意识到这个

① 海德格尔：《技术的追问》，载《演讲与论文集》，孙周兴译，第29页，商务印书馆，2018。

系统的盲目，也无以单凭个体的生存努力逃脱这个系统。即便资本—技术专家，又何尝不是这个系统的环节？即便政治家同样也要服从这个系统的增长强制。“我们无力改变现实”，几乎成了当下青年的世界范围内的基本情绪。（2）极端的主体主义在算计一切的同时也在算计自身。主体性在这个过程中发生了悄然的偏移，这个自转的体系本身成了主体，而非其中任何一个人。于是，现代人都被裹挟进这个不断抽象化、无限增强的运转系统，都被作为“人力资源”而定制，服从效率最大化的逻辑。哪怕我们的消费和娱乐、教育和“充电”也都是资本—科学—技术系统计算的对象。我们在这个非自然的、无休止的运转系统中加足马力而又疲惫不堪，忙碌而且越来越忙碌。抑郁症和过劳死不仅显现为当下社会的病理现象，而且成了当下生存的基本隐喻。（3）与前两种无力的表现相关而又不同的，是我们内在的无力感，是现代人在参与组织了这个世界的同时，无法组织起自身的生命，这就是尼采所谓的颓废问题。生存的意义感日益贫乏，除了追求舒适这种“末人的幸福”和在舒适程度、关注度上的无止境的竞赛，几乎不再有任何真正超越性的目标在鼓舞我们的生命。无意义感、虚无感是现代人最内在的无力感。①

对资本—科学—技术的三位一体结构的考察，于是呈现

① 有关于此，可参看本书第六章《绩效社会的暴力与自由》。

出一种技术悲观主义的面貌。可重要的不在于悲观还是乐观，而在于是否从恰切的视角出发审视现实、是否看清了现实的真相。在这个意义上，哲思之冷静态度超越了悲观和乐观的争执。哲学是洞穴中的反思行动。每个时代都有自己的"洞穴"，而真正的哲学思考只能从切身的问题开始，只能从理解或反思自身的洞穴开始。于是，哲思者必须追问，什么构成了当下的"洞穴"？答曰："资本—科学—技术"及其中立伪装，即仿佛科学只关乎真理，资本只关乎世俗利益，而技术只关乎工具的改进，意在促进真理和世俗利益的进步。辨识资本—科学—技术的三位一体结构因而具有切实的批判意义，由此我们方能拨开迷雾，进入现代技术的本质维度，才能恰当地反思现代技术、理解我们自身。资本—科学—技术系统仿佛一个不断自我加强的铜墙铁壁，可任何的人类现实都没有脱开人类的信念系统而存在，哲学对现实的批判也永远都是从人类的信念系统入手，人类事务中总有这一条根本的路径在隐蔽地开放。在这个意义上，哲思既超越了悲观和乐观的争执，也超越了理论与现实的区分，因为哲思本身就是一种行动，一种批判的、通过批判而解放的行动。

第二章　技术时代的元叙事

——重读《后现代状态》

单单着眼于技术来谈当代技术问题，不够全面亦不够透彻。只有结合资本批判、科学主义批判，以及其他各种现代性批判的视角，我们才能以一种恰切的眼光理解技术时代。如果说本书第一章主要揭示了技术时代的整体论域，意在横向开启技术时代的概念的话，那么在接下来两章，我们就要着力于从历史的纵深去理解这一概念。本章首先选取利奥塔的《后现代状态》，来作一番简要的重读。可为何要选取这部如今已然渐渐淡出人们视野的小书来作入手点呢？因为，它为我们提供了一种技术时代的元叙事。

从这个视角来看，《后现代状态》呈现为一部悖谬之书。这本书的主题乃是“元叙事”（metanarrative）或“宏大叙事”（grand narrative）[1]，全书可谓一种宏大叙事的谱系学和葬礼

---

① 有关元叙事与宏大叙事这两个概念的关系，后文有分辨，此处暂且按下不论。

颂词，谈论宏大叙事的出生和死亡。之所以称之为谱系学，是因为它谈的不只是出生，而且是其孕生的机制和其中所包含的争斗；之所以称之为葬礼颂词，是因为它不只谈论了死亡，还欢送了这种死亡，虽然欢送中亦夹杂着阴郁的笔调。而悖谬之处就在于，这部意在告别宏大叙事的名著本身恰恰提供了一种宏大叙事，一种关于宏大叙事的宏大叙事。① 利奥塔的“元—宏大叙事”乃是一种别样的历史哲学。

这部悖谬之书出版于 1979 年，成了后现代主义的宣言。“后现代主义”这个术语，首先在建筑领域风行起来，用来形容对功能主义的反叛。接着流行到文学、艺术领域，再后来，论者用以概括“整个社会和文化领域发生的与现代思想的主导实践和风格的彻底决裂”。② 这个术语的哲学含义的提出者是利奥塔，他的成名虽然晚于福柯等后来才被贴上“后现代主义”标签的思想家，可他在 1979 发表的这篇演讲，成了那一代思想家的命名。仅从这一事实就可以看出，这部迟到的宣言在那个时代所发生的影响之巨大。

---

① 利奥塔最终所指向的误构（paralogy）有“谬误推理”的意思，这部“悖谬之书”在这个意义上可谓忠于自身所指向的方法论原则？康德在《纯粹理性批判》中就把理性灵魂学或自我形而上学的内在逻辑归结为 Paralogismus［谬误推理］。不过，利奥塔的“误构”概为一种多元的创造性重构，与康德的用法并不相同。文中所指出的这层悖谬或自反，是否合乎利奥塔所设想的“误构”，也并非没有疑问。他在书中对于何谓“误构”亦言之过略。

② 参看特伦斯·鲍尔、理查德·贝拉米主编：《剑桥二十世纪政治思想史》，任军锋、徐卫翔译，商务印书馆，2017，第 294 页。

在将近半个世纪之后，后现代主义的硝烟似已散去，可这部书仍有其持久的意义。它对“微小叙事”（little narrative）的主张恐怕并未如其所愿的那样成为这个时代的答案，可它对于“宏大叙事”的终结叙事仍然切中了时代的脉搏。今天，我们得坦诚地说，宏大叙事的终结并没有通往利奥塔所预言的后现代，而是止步于他所描绘的技术时代了。因此，我们可以甚至必须重读《后现代状态》，将之读作“技术时代的元叙事”。这种元叙事为我们道出了技术时代的若干本质特征。我们的重读因此也是一种从自身时代经验出发的对话。

一、技术时代的端口

技术时代的历史哲学问题是我们重读这部《后现代状态》时所选取的特殊视角，不过，这个视角的选择并非任意而为。利奥塔谈“后现代状态”的一个基本语境，是他所谓的“信息化社会”或“社会信息化”。在这个时代，信息技术的发展尤其对知识的研究与传播产生了巨大的影响。就研究而言，他首先指出，“40 年以来的所谓尖端科技都和语言有关”；进而以遗传学为例，说明不少学科的“理论范式来自控制论”。[①]利奥塔的这个论断在今天大体仍然成立，人工智能和基因工

---

① 利奥塔尔：《后现代状态》，车槿山译，南京大学出版社，2018，第 12 页。（为方便计，出自这本书的引语，往下一律不再说明版本信息，仅在正文标注页码。）部分译法根据英文本有所调整：Jean-Francois Lyotard，*The Postmodern Condition：A Report on Knowledge*. Translation from the French by Geoff Bennington and Brian Massumi，University of Minnesota Press，1983.

程涉及的都是用一种可操作的语言（二进制或基因排序）来化约看似不可被操控的行为方式或生命特征，从而达到控制的目的。我们这个时代的技术问题也因此被归结为算法问题。

算法不必穷究生命的本质，甚至恰恰要绕过本质问题，而将生命或行为的外部特征还原为数学问题。算法思维是现代技术思维的集中体现。比如，诗是什么，没有标准答案，我们也不必穷究，但我们可以总结古典诗歌的种种典型特征，押韵和平仄，常用的意象和典故，将之参数化，用以构建深度学习的基本模型。如是，便可制造出能七步成诗，乃至一步成诗的程序。程序本身当然毫无诗兴可言，它的创作仅仅是计算，它的作品也不太可能比拟于天才的杰作，可它能够绕过诗意本身而创作诗歌，这件事本身就已经是技术对生活世界的入侵。① 于是，在我们的时代，利奥塔看到的社会信息化进一步发展成了个体生命的信息化、数字化。所谓大数据，核心也正在于绕过生命来计算和规划生命。搜集并处理数据的商家在相当程度上比消费者自己更了解他们的偏好，“他们”的未来甚至已经绕过他们的自主选择而预先在市场部经理、品牌设计师的办公桌上成形。因为只要样本足够大，个体的偶然偏移就不足以影响统计的必然效力。

信息化对传播的影响更为直接，而传播渠道的变化会反

① 未来，我们很可能也会赞叹人工智能创作的诗歌和音乐。只要这个领域有足够的前景，能够吸引风险投资的追捧，那么，诗艺中的相当一部分必定可以被计算程序所代劳。

作用于知识的生产："知识只有被转译为信息量才能进入新的渠道，成为可操作的。因此我们可以预料，一切构成知识的东西，如果不能这样转译，就会遭到遗弃，新的研究方向将服从潜在成果变为机器语言所需的可译性条件。"（第13页）①这个意义上的信息化因此可谓技术时代的一个端口，将我们的经验、知识和生命纳入技术系统中去了。凡是不能被纳入其中的部分则逃不过"过时"的命运："以前那种知识的获取与精神，甚至与个人本身的形成（教育）密不可分的原则已经过时，而且将更加过时。"（第13页）②脱离开个体经验的知识于是信息化且商品化，成了首要的生产力，乃至国家之间相互争夺的战略资源。一方面，国家之间相互争夺"信息学霸权"，另一方面，跨国企业（特别是信息技术上的垄断巨头）动摇了国家对于信息的控制。无论谁在这场竞争中胜出，我们都通过信息化的端口被投入到了技术时代的运转逻辑中去。并且，这个"端口"仿佛技术时代的"存在论闸门"，凡是不能被纳入系统的存在要素都被闸门排除在外，成了"暗存在"。"暗存在"并不是不存在，可它们不

---

① 利奥塔此言与传播学颇可沟通，如麦克卢汉所言，"媒介即信息"。传播学的这一洞识还有丰富的政治学意义："在娱乐业和形象政治的时代里，政治话语不仅舍弃了思想，而且还舍弃了历史。"（尼尔·波兹曼：《娱乐至死》，章艳、吴燕莛译，广西师范大学出版社，2009，第117页）这事实上已经预言了所谓"后真相时代"的来临。只不过波兹曼谈的还只是电视。

② 如上一章所言，抽象化是现代技术系统区别于古代技艺的本质特征之一。

再被看见，没有“曝光度”。于是，从发达国家到发展中国家，从一线城市到二三线城市，再到广袤的乡村，有着一种显著的“存在论落差”。发达国家和一线城市占据了数据流的中心地带，最有“存在感”。几无存在感的地区和生命只有在吸引了注意力之后、获得流量支撑之后（比如因为某种灾难性事件），攀上热搜，在一两天之内“存在感”爆棚。在此意义上，热搜可谓我们时代的“存在论空位”，“暗存在”也可能因为占据这个空位而在短时间之内纤毫毕露。可马上又会被新的热搜所取代，而老的热搜则会遁入黑暗，重又被“存在论闸门”自动排除在外。

这一切都服从系统的运转逻辑。“暗存在”、“存在论落差”和“存在论空位”位于狭义上的系统逻辑的外部，为这种量化运转补充质料，与之一道构成了广义上的系统逻辑。利奥塔将这种逻辑称为“性能”（Performativity）或“系统性能最优化”（optimizing the system’s performance），并将这种以量的优化抹去质的差异的生存状态称为“恐怖”——这是一种独特的白色恐怖，甚至是一种“透明的恐怖”，我们身在其中却往往浑然不知。从帕森斯到卢曼的系统论，在他看来，则是技术时代的官僚主义意识形态，是放弃批判和反抗的现代犬儒主义。[①] 利奥塔无疑看到了，一方面，系统在

① 透过《后现代状态》，我们可以隐隐看到 20 世纪 70 年代的哈贝马斯—卢曼之争。利奥塔事实上同意哈贝马斯的立场，但不同意他的方案。从另一个角度来说，利奥塔同意卢曼对于现实的诊断，但不同意他的无批判立场。

日益优化，另一方面，人愈益被纳入系统之中。机器的人化和人的机器化，是技术时代同时迈出且相向而行的步伐。

利奥塔却并不认为，我们就这样陷入性能逻辑的支配而无所作为了。因为，这种逻辑基于资本—技术—科学—权力的一体化，可在科学知识之外毕竟还有叙事性知识，而科学知识无论处于何种支配地位，也仍然要提出合法性问题。以为系统可以通过性能逻辑的最优化完成轮转的闭合，而无需再向传统社会那样诉诸合法性，这是技术时代必然会有的一种根本误识。被“存在论端口”排除在外的不仅有“暗存在”，还有叙事性知识。而惟有叙事性知识才能打破这种误识，重建存在论上的明暗关系。

利奥塔重提了合法性问题。这其实是利奥塔赞同哈贝马斯的地方，虽然他不同意哈贝马斯诉诸理性共识来回答合法性问题。在他看来，哈贝马斯拯救现代性方案的努力，只是宏大叙事的无力延续。不过，利奥塔在科学知识之外提出叙事性知识，与哈贝马斯在系统之外举出生活世界，实有共通处。科学知识虽天然地贬低叙事性知识，可一旦它和统治发生关联，就绕不开合法性问题，也就离不开叙事性知识的纠缠，甚至就得求助于叙事性知识。所以，要理解我们何以陷入“性能”逻辑所支配的“恐怖”状态，又何以寻求摆脱这种危险的可能，就必须回顾科学知识与叙事性知识的二元争斗，理解宏大叙事如何诞生又如何衰亡于这两种知识的争斗。

二、何谓叙事性知识？

维特根斯坦式语言游戏是这部有关宏大叙事的“宏大叙事”的理论预设和方法原则。利奥塔由此觅得他分析社会关系的新路径[①]，也由此提出了他对于技术官僚主义系统论的最为基础性的反驳，即人类的语言游戏具有多种形式，信息处理仅仅是其中的一种，并且这种处理所基于的“指示性陈述”恰恰需要“规定性陈述”和“评价性陈述”来确定目标。[②]其次，所有的语言游戏都不是一个既定的事实，而是竞争性、创造性的。即便我们不得不承认“体制话语”的存在，每个社会都需要，也都在维系自身的“体制话语”，可是语言游戏总在变动之中。

利奥塔进而由此拓宽了知识概念，知识并不局限于可用真假来判断的指示性陈述，而科学知识也仅仅是指示性陈述之一小部分。只有满足了这“两个补充条件”的指示性陈述才可以被称为科学：“一是这些陈述所涉及的物体可以重复

---

① 不过，利奥塔并没有将社会关系还原为语言游戏：“我们并不断言‘一切’社会关系都属于这一范畴，这是悬而未决的问题。但一方面，语言游戏是社会为了存在而需要的最低限度的关系……另一方面，交流成分既是现实，也是问题，这变得日益明显。”利奥塔尔：《后现代状态》，车槿山译，南京大学出版社，2011，第 62—63 页。

② 哪怕排除所有其他的规定性和评价性陈述，仅仅追求系统性能最大化，也已经预设了唯一的一种规定和评价：“传递信息的只是控制论机器，但它运转时不可能修改我们在程序化中设置的那些属于规定性陈述和评价性陈述之类的目标，例如它不可能修改性能最大限度化这一目标。然而，谁能保证性能最大限度化永远是社会系统的最佳目标呢？”同上，第 63 页。

得到，即这些物体处在明确的观察条件中；二是人们可以判断每一个这样的陈述是否属于专家们认定的相关语言。”（第74页）事实上，这正相当于现代科学的两个基本特征：可实证和可数量化。现代世界在这样一个狭窄范围内取得了知识上的巨大成功，可也因此遮蔽了知识的丰富领域，使得知识概念被大大窄化了。利奥塔因此在科学知识之外提出了叙事性知识的概念，叙事性知识容纳非科学知识于一身。或者说，在科学知识兴起并自我区分于其他知识之前，所有类型的知识都以叙事的形式被整合在一起，“在传统知识的表达中叙事形式占有主导地位”（第76页）。换言之，叙事就是前科学的知识形式，是作为nomos［礼法］之地基的mythos［叙事，神话或神圣叙事］。所以，两种知识的区分又有着历史哲学的意义，传统与现代、习俗状态和科学年代的区分就建基于这种知识论区分。

利奥塔对叙事性知识作了五个方面的界定，可简要归纳如下：（1）叙事即教化，是正面的或反面的建构，包含着规定和评价性陈述，不像科学知识那样仅仅包含指示性陈述；（2）叙事容纳多种多样的语言游戏于自身，不像科学知识那样排斥其他语言游戏；（3）倾听者通过倾听获得叙事的权威，成为新的叙事者。发话者、受话者和被谈论者由是结成一体，说话能力、倾听能力和实践能力也由是结成一体，“一组构成社会关系的语用学规则则与叙事一起得到传递”（第80页），这种多维一体使得叙事不像科学知识那样单向度；（4）叙事以不断被重新讲述的方式完成当下化，它在建构和教化的同时具有遗忘的功能。于是，“一个把叙事作为关键的能力形式的集体不需要回忆自己的过去”（第82页），叙事的同一性建构克服了时间性焦虑，不像科学时代那样背上沉重的历史包袱，迷失于无尽的历史知识[①]；（5）“一种推崇叙事形式的文化，正如不需要回忆自己的过去一样，大概也不需要特殊的程序来批准自己的叙事”（第82页）。换言之，叙事径直完成认同构造、创建合法性，而非像科学知识那样总是得提出合法性问题。

与叙事之传承性不同，科学上的发话者和受话者原则上地位平等，都“必须服从证明和反驳的双重要求”（第90页）。所以，“科学知识要求分离一种语言游戏，即指示性陈述，并且排除其他的陈述”。诉诸权威或传统的叙事在此是没有说服力的，这种单一的求真旨趣使得科学的语言游戏从

---

① 利奥塔对遗忘的强调可追溯至尼采。在《史学损益生命论》（第二篇《不合时宜的考察》）中，尼采着重论述了“遗忘”的生命功能。无论对于个体来说，还是对于一个民族、一种文化而言，“遗忘”能力都关乎存亡。失去遗忘能力，正如一个人失去了睡眠的能力。失去遗忘能力，首先意味着置身记忆的洪流而失去了建构同一性的能力，也就意味着失去行动能力。其次，失去遗忘能力也就不得休息和安顿，因此绝无幸福可言。尼采因此提醒我们，要警惕史学研究过度的实证化破坏了基本的生命条件：“只有在一个视域（Horizont）之内，每一个生命体才能成为健康、强壮和丰产。”（《史学损益生命论》，第1节；KSA1，第251页。KSA即尼采著作考订研究版简称，*Kritische Studienausgabe*, hrsg. von Giorgio Colli und Mazzino Montinari, 1980。中译参尼采：《不合时宜的沉思》，李秋零译，华东师范大学出版社，2007，第142页。）

一开始就有一种断裂性："科学知识就这样与其他那些组合起来构成社会关系的语言游戏分离了。"（第 93 页）这种分离对于习俗而言是瓦解性的。利奥塔强调两者不容混淆，两种知识各自玩着自己的语言游戏。言外之意，我们不可向科学知识要求叙事，同样不可向叙事知识要求科学，那会是糟糕的范畴误用。然而，这只是从叙事视角出发的宽容态度，科学则必定贬低叙事："科学知识考察叙事陈述的有效性时发现，这些陈述从来没有经过论证。科学知识把它们归入另一种由公论、习俗、权威、成见、无知、空想等构成的思想状态：野蛮、原始、不发达、落后、异化。叙事是一些预言、神话、传说，只适合妇女和儿童。"（第 97 页）① 科学知识因此必定带有启蒙倾向，因为这种语言游戏已然蕴含着知识与成见、光明与黑暗的二元区分。

利奥塔对这两种知识的区分及其对叙事知识的强调，很

① 《普罗泰戈拉》中，苏格拉底与普罗泰戈拉的说话方式的争执是科学话语挑战叙事话语的典范。苏格拉底抗议普罗泰戈拉的长篇大论的话语方式，甚至以退出交谈相威胁："你毕竟——就像关于你据说而且你自己也这样说——有能力既以长篇大论的方式又以言简意赅的方式搞聚谈。毕竟，你有智慧啊——可我没能力［跟上］这些长篇大论，尽管我愿意有这能力。不过，既然你两方面都行，你就必须将就我们咯，这样［我们］才可以在一起［谈］。但既然现在你不愿意，而我又没什么空闲，不能待在你旁边听长篇大论——毕竟，我得赶去别处，我要告辞啦，尽管我也许不是不高兴听你的这些［长篇大论］。"柏拉图：《普罗泰戈拉》，刘小枫译，华夏出版社，2019，第 114 页，335b5—c5。苏格拉底之所以如此纠结于长篇大论还是言简意赅，是因为这关系到是用 logos 来论证，还是用 mythos 和修辞术来说服。

大程度上是用维特根斯坦的语言复述了早期尼采的洞见，再次重启 mythos［叙事、神话］与 logos［理性论辩、科学］之争。利奥塔所谓叙事知识即尼采所谓神话，在希腊文都是 mythos。尼采在《悲剧的诞生》中批判苏格拉底主义拒绝神话，把神话降级为史实来考察。在他看来，这意味着文化之根的毁坏。一旦毁坏了神话所构建的“视域”，其结果正是后来韦伯所谓的“祛魅”，或尼采自己后来所描绘的无意义状态。或是怠惰的、只求舒适的末人，或是绝望于意义的虚无主义者。①

值得注意的是，通过叙事知识和科学知识的区分，利奥塔不仅阐明了古今之争，而且勘定了东西之别。东方没有跨出叙事性知识以及由此奠定的习俗状态，而西方才基于科学知识提出合法性问题。就此而言，利奥塔并没有像雅斯贝尔斯那样把合法性问题的提出和反思性觉醒平等地赋予各个轴心时代的文明体②，而是将之保留给了西方：“它使得西方有别于其他地方：西方受合法化要求的支配。”（第 98 页）就东西问题可以被纳入古今问题的范围内而言，确实不妨从这种知识论区分出发来展开东西方文化比较。利奥塔也正从此出发控诉这种源自西方并界定了西方的“文化帝国主义”。

---

① 余明锋：《尼采与酒神文化》，载《贵州大学学报》（社科版）2020 年第 1 期，第 46 页。

② 有关雅斯贝尔斯的轴心时代论，参看本书第三章“技术时代的历史哲学”。

可如果所谓“文化帝国主义”本身源自一种独特的语言游戏及其内在的启蒙品格，我们又如何能够对之形成一种批判态度呢？事实上，科学知识无论怎么贬低叙事知识，终究也都得诉诸叙事。我们可以由此为利奥塔一辩，他的批判所指向的不是科学知识本身，而是有关科学知识的宏大叙事。

三、元叙事的诞生与变形

事实上，早在技术时代之前，早在科学知识发端之初，这两种知识类型就注定了陷入争斗。苏格拉底就是这种争斗的化身。[①] 苏格拉底的死刑，是雅典的叙事性知识对于科学知识的宣判，而柏拉图从这次死刑中塑造出了一个科学知识的殉道者形象，他反过来以叙事的形式对叙事性知识作了再宣判。“叙事性知识在非叙事性知识中的这种回归”，就是元叙事的诞生地。利奥塔又把“元叙事”之一种称为“宏大叙事”，后者似乎更能体现批判的意图，所以也流传得远为广泛。可事实上，这种叙事的本质在于“元叙事”，宏大叙事只是这种元叙事的现代形态。有关两者的区分，利奥塔在引言中说得比较清楚：“当这种元话语明确地求助于诸如精神辩证法、意义阐释性、理性主体或劳动主体的解放、财富的增长等某个宏大叙事时，我们便用‘现代’一词指称这种依靠元话语使自身合法化的科学。”（第 4 页）在正文中，利奥塔并

① 在这一点上，我们可以再次看到早期尼采的身影。《悲剧的诞生》正以苏格拉底问题为中心。

未着重强调这种区分，可我们大体可以根据他在前言中的这一处说明如是区分元叙事与宏大叙事。这一区分也符合一个思想史的实情，即元叙事在现代取得了历史哲学的宏大形态。

所谓“元”就是 meta-physics [形而上学，后自然学] 的那个前缀。我们知道，这个 meta 首先是后世编辑亚里士多德手稿时的一个临时性用法，可在希腊文中恰有“超越”之义。“在自然学之后”这个意义上恰恰道出了这门学问“超自然学”或“元自然学”的要义。简言之，“元叙事”是后退一个层面的叙事，这个后退是被科学知识与叙事知识的二元冲突逼出来的，意在从一个更为根本的层面裁判两者的冲突。元叙事是科学的合法性话语：“科学在起源时便与叙事发生冲突。用科学自身的标准来衡量，大部分叙事其实只是寓言。然而，只要科学不想沦落到仅仅陈述实用规律的地步，只要它还寻求真理，它就必须使自己的游戏规则合法化，于是它制造出关于自身地位的合法化话语，这种话语就被叫做哲学。”(第 3—4 页) ① 西方哲学史虽然还要上溯到前苏格拉底的自然哲学，可“前苏格拉底”之名已经表明了苏格拉底的转折性地位。事实上，“哲学”的术语性用法也正从柏拉图开始。② 柏拉图对话因此可谓元叙事的原型。

---

① 另参：“只要科学语言游戏希望自己的陈述是真理，只要它无法依靠自身使这种真理合法化，那么借助叙事就是不可避免的。”利奥塔尔：《后现代状态》，车槿山译，南京大学出版社，2011，第 104 页。

② Walter Burkert, *Platon oder Pythagoras? Zum Ursprung des Wortes "Philosophie"*, in: *Hermes*, 88. Bd., H. 2 (May, 1960), pp. 159—177.

值得注意的是，柏拉图对话采取的恰是“对话体”这样一种叙事形式，对话体不但鲜活地展现科学话语，而且为之做了合法性叙事：“柏拉图开创科学的话语并不科学，这正是因为他想使科学合法化。”（第 106 页）亚里士多德则区分了对规则的描述和对规则合法性的研究，前者构成了他的《工具论》，后者构成了他的《形而上学》。亚里士多德在这个意义上赋予了元叙事以科学话语的形态。可科学并未由此一劳永逸地摆脱叙事的纠缠，在笛卡尔的《谈谈方法》中，我们又看到叙事的回归。事实上，现代科学的发生关系到现代秩序的确立，事关“资产阶级摆脱传统权威的束缚”（第 108 页），这必将爆发出史无前例的合法性需要，催生一系列的元叙事。“叙事知识重新回到西方，为新权威的合法化带来一种解决办法。”（第 108 页）元叙事行将变形为宏大叙事。

虽然，“自柏拉图开始，科学合法化的问题就与立法者合法化的问题密不可分了”（第 30 页），可这当中仍然有一种分别。由于略去了基督教这个关键环节，也由于对早期现代的极简处理，利奥塔对古今之变的解说显然是不充分的。可他抓住了一个要点：现代合法性叙事的主体从少数苏格拉底式哲学家转变成了普遍的人性理想，而要满足这种理想，知识必然与进步观念相结合。元叙事也由此获得了历史哲学的形态，成了宏大叙事。利奥塔在这一部分的论述（第 108—109 页）过于简略，难免诸多语焉不详。他仿佛认为现代科学产生之初就放弃了“对第一证据或先验权威的形而上学研究”，历史叙事于是替代先验论证出场。利奥塔的叙事显然忽略了早期现代的诸多形而上学建构，从笛卡尔到斯宾诺莎再到莱布尼茨的大陆理性主义就是这样一种通过形而上学建构提供元叙事的努力。英国经验主义则对之报以怀疑，至休谟彻底放弃了形而上学论证。康德为应对理性主义的危机、回应休谟的怀疑，才完成了从形而上学到先验论证的转换。而这种先验论证与启蒙主义的历史哲学的结合开启了黑格尔式宏大叙事，黑格尔的历史哲学不是对先验论证的替代，而是与先验论证相结合之后的历史哲学升级版。①

另一方面，利奥塔将现代合法化叙事区分为政治性解放叙事和哲学性精神叙事，并将之分别对应于初等教育和高等教育。这种对应或能启发有趣的观察，可不得不说，这是一个高度简化的、非历史性处理。事实上，这两种叙事有着历史性演变和高度复杂的纠缠，当中还涉及德法之争和德意志思想传统的自我认同塑造。大体来说，政治性解放叙事源于启蒙运动和法国大革命，其主体是人民，而目标是自由。对于德意志思想家来说，拿破仑入侵之后，普世理想的追求与民族国家的诉求之间发生了剧烈的冲突。在筹建柏林大学时，他们于是构造了另一种宏大叙事，在这种叙事中，“知

① 有关宏大叙事的诞生，洛维特的历史哲学考察可以很好地补充利奥塔的不足。参洛维特：《世界历史与救赎历史》，李秋零、田薇译，生活·读书·新知三联书店，2002。

识的主体不是人民，而是思辨精神”。（第119页）利奥塔虽然大大简化了叙事，可他精准地抓住了柏林大学建校期间（1807至1810年间）这个宏大叙事变形的历史契机。这种叙事首先是对科学与哲学关系的再定位：“学院是功能性质的，大学是思辨性质的，即哲学性质的。”（第120页）现代科学在各自的领域取得了长足的发展，可这种发展也带来知识的细分、琐屑，只有通过哲学来重建知识的统一，大学才能维系自身的精神统一。这个时期的哲学因此把自身理解为“科学的科学”，而利奥塔则称之为“理性的元叙事”。“元叙事”在此有着强烈的超越意味，这种叙事必定超越了哲学教授的职业范围，也超越了具体的德意志或法兰西人民，成为精神的自我实现的故事：“精神有一个普遍的‘历史’，精神是‘生命’，这个‘生命’自我展现、自我表达，它采用的方法是把自己在经验科学中的所有形式排列成有序的知识。”（第120—121页）哲学由是成了精神的祭司，而各门科学仅仅是这个精神自我实现的宏大叙事的内在环节，只有通往哲学才获得其真理性意义。从这样一个极为独特的思想史背景出发，我们才能恰切地理解黑格尔在《逻辑学》第一版序言中的庄严宣称：“一个有文化的民族竟然没有形而上学——就像一座庙，其他各方面都装饰得富丽堂皇，却没有至圣的神那样。”①

① 黑格尔：《逻辑学》（上卷），杨一之译，商务印书馆，2004，第2页。

随着哲学地位的神圣化，富有哲学精神的大学也上升到了一个空前绝后的地位。这种宏大叙事因此进一步重构了大学与政治共同体的关系。精神，而非苏格拉底式个体或法兰西和德意志人民，才是这种元话语的“元主体”（metasubjekt），而“这个元主体的居住地是思辨的大学”。①（第121页）在德国唯心论的宏大叙事中，大学成了现代世界的神庙。元叙事不但变形为精神性宏大叙事，而且在这种叙事中完成了自身的神圣化，成为真正的、惟一的解放性叙事。“德国古典哲学”震撼人心的精神气息，它的宏大庄严的气魄，正基于此。

19世纪中叶以来，当哲学不再能够维持这种思辨统一性之后，政治性解放叙事“再次获得了新的活力”，自我立法的人类重新获得主体地位。这种自我立法的逻辑可以追溯至卢梭的政治哲学，经康德而纯化为道德哲学的绝对命

① 不过，黑格尔在“海德堡大学开讲辞”中又把德意志民族建构为精神“元主体”的“选民”：“我们将在哲学史里看到，在其他欧洲国家内，科学和理智的教养都有人以热烈和敬重的态度在从事钻研，惟有哲学，除了空名字外，却衰落了，甚至到了没有人记起，没有人想到的情况，只有在日耳曼民族里，哲学才被当作特殊的财产保持着。我们曾接受自然的较高的号召去作这个神圣火炬的保持者，如同雅典的优摩尔披德族是爱留西的神秘信仰的保持者，又如萨摩特拉克岛上的居民是一种较高的崇拜仪式的保存者与维持者，又如更早一些，世界精神把它自己最高的意识保留给犹太民族，俾使它自己作为一个新精神从犹太民族里产生出来。”（黑格尔：《哲学史讲演录》第一卷，贺麟、王太庆译，商务印书馆，1983，第2页。）有关德意志特色的“文化爱国主义”与“选民意识”，可参看：余明锋，《从德意志音乐看文化爱国主义》，载《文汇报》2021年7月3日第十二版。

令。[①] 在黑格尔式思辨哲学容纳科学知识的方案破产之后，康德式划界成了可行的替代方案："从这个角度看，实证知识的作用只是让实践主体了解执行规定时所处的现实……知识不再是主体，它服务于主体，它唯一的合法性（但这个唯一的合法性很重要）就是让道德有可能成为现实。"（第 125 页）于是，大学不再是目的本身，而要服务于现实政治，可这种服务以一种道德考察为前提，大学对现实政治具有一种超越的批判功能。这事实上在政治性解放叙事和哲学性精神叙事之外，开出了一种介于两者之间的道德性批判叙事。

从康德的道德主体到哈贝马斯的交往理性都使道德领域独立于纯然客观的知识领域和工具理性的领域，在这个意义上，哈贝马斯是康德的真正传人，只不过他把康德的道德主体做了主体间性改造，使之摆脱了主体哲学的独白式论证，也使之具有了一种更为显著的公共品格。有趣的是，利奥塔

---

① 卢梭已然指向康德式道德主体的自我立法："唯有道德的自由才使人类真正成为自己的主人；因为仅只有嗜欲的冲动便是奴隶状态，而唯有服从人们自己为自己所规定的法律，才是自由。"（卢梭：《社会契约论》，何兆武译，商务印书馆，2005，第 26 页）只不过，卢梭对于人民之为政治主体和个体之为道德主体有一层清晰的区分。《社会契约论》着重处理前者，所以他紧接着说："然而关于这一点，我已经谈论得太多了，而且自由一词的哲学意义，在这里也不属于我的主题之内。"（同上）仅就篇幅而言，他显然并未就此"谈论得太多"，卢梭之所以如是宣称，概因为他深知，道德主体的自我立法有一种个体而又普遍的倾向，这对于"人民"之为特殊政治体的主体而言，会有解构的效应。正是因为虑及这种效应，他才会感到自己的只言片语"已经谈论得太多了"。

虽然话到嘴边，也高度肯定这条路线对于技术系统的抵抗，可他并未在此提及哈贝马斯，也没有将康德—哈贝马斯路线命名为第三条路线，而是转向了黑格尔式宏大叙事解体之后的另外两种替代方案，即马克思和海德格尔的方案。利奥塔仅仅对这两种后黑格尔方案作了简短的“评注”，因为在他看来，此两者并没有超出前两种方案的范围，只是两种方案的混合或改造。无论如何，在利奥塔看来，这些都是昨日的故事了，宏大叙事的时代已然终结。无论人类的自我解放，还是精神的自我实现，抑或道德主体的自我立法，都是崇高的现代性迷梦，梦醒之后，剩下的只还有苍白的现实？我们还能重构一种合理的叙事吗？

四、技术时代的科学与大学

宏大叙事的瓦解看似二战后科技发展和资本扩张的结果，在利奥塔看来，其根本实源于思辨叙事和解放叙事在 19 世纪下半叶的自我瓦解。[①] 如果说广义上的技术时代涵盖了整个现代，那么宏大叙事在 19 世纪下半叶的瓦解则开启了严格意义上的技术时代。资本—科学—技术体系的扩张从此失去了

① 我们不必就这个问题在历史学上的因果关系作过多的争论，因为这样的争论各有根据，又无法全然实证，故大多无疾而终。我们不妨以尼采式视角主义的态度，将之视为基于两种生命类型的两类立场，和从相应立场出发的两个视角。此外，利奥塔式视角至少能够提出的一个反驳在于，另一种视角首先就低估了叙事性知识对于人类行为的构型意义。

必要的节制，人类也陷入了前所未有的虚无主义的危机。

思辨叙事在使实证科学降级的同时，也把知识要求朝向了自己，由此开始它的自我瓦解："这种侵蚀是在思辨游戏中进行的，正是它解开了应该定位每门科学的、百科全书般的巨网，使这些科学摆脱了束缚。"（第138—139页）知识的"思辨等级制"被平面化的"研究网络"所取代，大学也就失去了往昔的精神光环。至于解放叙事，则在根本上就有一道事实与规范的裂隙。事实无以瓦解规范，可规范也自觉地从事实领域撤出，这必然导向有关事实领域的知识茫然无归，而有关价值和目的的规范领域空悬于上方，无法落实下来。总之，从康德的划界到维特根斯坦的语言游戏，正是哲学本身在瓦解普适用于一切领域的元语言，这让科学得以在解脱于思辨叙事的同时也解脱于解放叙事："解放的设想与科学毫无关系，我们陷入这种或那种特殊知识的实证主义，学者变成科学家，高产出的研究任务变成无人能全面控制的分散任务。"（第142页）宏大叙事的瓦解事实上根源于哲学的危机，意味着哲学放弃了合法化使命，自我降格为"逻辑研究或思想史研究"。世纪初的维也纳一代文人和哲学家，就生活在这种危机意识中，而今天，"大多数人已经失去了对失去的叙事的怀念本身"。[①]（第143页）这一堆宏大叙事

① 与"世纪初的维也纳一代文人和哲学家"相平行的，是以韦伯为核心的德国社会学家们。他们都生活在强烈的危机意识之中。韦伯的伟大演讲《以科学为志业》可谓这种时代精神的总结，我们迄今仍然能够从中读出"我们时代的命运"。

的碎屑最终被技术—资本系统收编，在性能逻辑的支配下投入一轮史无前例的高速运转，虚无于是成了这个时代的底色，我们由是落入技术时代的白色恐怖。

以性能优化为基本逻辑的系统论是技术时代的元叙事。现代科学在根本上依赖于技术—资本的支撑和推动，成了一个同样服从于性能逻辑的子系统："正是在这个确切的时刻，科学成为一种生产力，即资本流通中的一个环节。"（第 156 页）于是，大学也企业化了，项目、成果和学科经费成了主要议题，"那些在企业中占优势的工作组织规范也进入应用研究实验室"（第 157 页）。就在科学融入技术—资本结成一个三位一体结构的时刻，性能或强力代替真理成了科学的真正目标："为了证明新目标的合理性，国家和 / 或企业必须放弃理想主义和人本主义的合法性叙事：在今天的科研投资人话语中，唯一可信的目标就是强力。购买科学家、技术专家和各式仪器，不是为了追求真理，而是为了增强力量。"（第 158 页）强力话语是不同于规范性话语的另一种语言游戏，而技术时代的本质就在于强力话语消弭了规范性话语的自主性，完成了自我合法化。

于是，在技术时代，"科学与技术的关系颠倒过来了"。利奥塔由此道出了科学和大学在当今时代的命运："国家、企业、合资公司在分配研究经费时服从的正是这种增强力量的逻辑。那些不能证明自己对优化系统性能作出了贡献（哪怕是间接贡献）的研究机构将被经费的洪流所遗弃，并且注定要衰弱下去。”（第 161 页）只有从技术时代出发，我们才能理解哲学和人文学科在世界范围内的衰弱，这种衰弱首先关乎病根，其次才是一种病症。首先，强力话语的自我合法化使系统摆脱了对哲学和人文学科的合法化论证的需要；其次，哲学和人文学科在系统内部几无力量上的贡献；这两方面决定了哲学和人文学科在技术时代的命运。可我们要注意的是，这不只是哲学思想者和人文研究者的命运，而是人类在技术时代的命运性处境。我们都被抛入这样一个自我合法化的系统运转，被卷入非人支配的系统逻辑。

在这样一个系统中，大学的任务不再是培养有理想的独立人格，而是能够适应生存竞争的人力资源，为系统运转输入新鲜动力。具体而言，分为继续从事科研的“职业知识分子”和面向社会就业的“技术知识分子”这两种类型。利奥塔的这个诊断与韦伯实有呼应。早在 20 世纪初，马克斯·韦伯已然在《以学术为志业》中，诊断出科学精神和大学性质的根本变化。Beruf 一词，在他的用法中，兼有“职业”和“志业”两种含义。韦伯的演讲之所以以“学究气”开始，首先从外部谈“科学之为职业”，正基于他对现实的诊断。当然，他没有停留于此，而是随着演讲的开展着重于阐发“科学之为志业”。可整篇演讲的要害，在于强调“科学之为志业”在今天已然无关于整全性真理，而仅仅关乎求知主体的真诚。这令韦伯的虚无主义散发出强烈的英雄主义魅力。我们今天重读这篇百年前的著名演讲，依然感同身受，就因为韦伯所言切中了技术时代的精神实质，而我们正愈益完全地陷入其中。只不过，韦伯那份英雄主义形单影只，是过于内在化的孑孓独行，在今日恐怕已经被经济系统所固有的市侩主义所吞没。如今，就整体而言，驱动着知识分子、定义了其所面对的生存现实的，不再是真理，也不再是真诚，而是绩效考核。

利奥塔进一步预言了大学的没落。当教学的主要内容已经转变为信息和信息处理的机能，机器及其背后的数据库就可以取代教师了："仅仅当我们从精神生命和 / 或人类解放这些合法化大叙事的角度看问题的时候，机器部分地取代教师才会是一种缺陷，甚至是不可容忍的。但这些叙事可能已经不再是追求知识的主要动力了。"（第 177 页）宏大叙事的没落是理想主义的落幕，大学看似在技术时代取得了知识创造的核心地位，在资本—科学—技术体系中居于不可替代的位置，可事实上大学正在无可避免地丧失自己的理想品格，并在推动技术创新的同时也在为自己敲响丧钟。利奥塔的眼光着实犀利，他在 20 世纪 70 年代的预言非但没有过时，反而愈发成为我们的现实。

五、走出技术时代？

利奥塔在帕森斯—卢曼的系统论中找到了技术时代的元叙事。就此而言，理解系统论才能理解我们时代的现实。可在另一方面，利奥塔又强调，系统论在骨子里是官僚主义的意识形态，它在揭示技术时代的运转逻辑的同时却也彻底放弃了批判和抵抗。它因此又在两重含义上错失了现实：首先，系统论并不具备宽广的历史视野，无以理解宏大叙事何以产生又何以终结的谱系及其语言游戏上的根据，就此而言，它对技术时代的理解也是仅仅实证的和过于狭隘的；其次，系统论没有看到系统逻辑内在的不稳定性和叙事性知识的潜能。在利奥塔看来，宏大叙事虽然终结了，可叙事本身并未终结，甚至才刚刚开始。

利奥塔最终所指向的"微小叙事"和"误构"，他心目中的后现代主义，其实是一种尼采式方案。《快乐的科学》第五卷（题为"我们无所畏惧者"）的开篇第一节题为"我们的喜悦意味着什么"，尼采在描绘"上帝死了"这"新近发生的最大事件"所带来的可怕后果（"行将发生的是一连串的中断、摧毁、没落和颠覆"）之后，笔锋突转，开始描写"我们哲学家们"因此而感到的喜悦："事实上，我们哲学家和'自由精神'听到'老上帝死了'的消息的时候，仿佛感到了一束新的曙光在闪耀；我们心中由此而涌动着感恩、惊异、预感和期待，——我们终于看到视界重又开放了，即便它还是晦暗不明的，我们的船儿终于又可以出海了，驶向任何一种危险，求知者的任何一种冒险重又被允许了，大海，我们的大海重又开放地躺在那儿，或许还从未有过一片如此'开放的大海'。"[①] 晚于尼采一个世纪的利奥塔

① 《快乐的科学》，KSA3，第 574 页，第 343 节。

已然没有如此快乐的语调，可他对“宏大叙事”的态度与尼采对“老上帝”的态度如出一辙。上帝死了，这是技术时代的历史前提，而只有我们重新找到那片“开放的大海”，才有欢呼的理由。利奥塔没有简单地欢呼宏大叙事的终结，而是深切地看到了终结之后的技术时代问题。这篇葬礼颂词蕴含着技术时代的大忧虑。面对技术时代的恐怖，利奥塔的“微小叙事”和“误构”是比哈贝马斯的“交往理性”和“共识”更为切实的哲学话语吗？无论如何，我们可以说，利奥塔为我们提供了一种比系统论更为宽阔、更具历史洞识和批判精神的“技术时代的元叙事”。就此而言，这部关于宏大叙事的“宏大叙事”并不只是一部悖谬之书，而且是对技术时代的叙事性诊断，甚至可谓走出技术时代的先声，即便还不是道路本身。

六、结语

通过对《后现代状态》的批判性重读，我们进一步阐明了技术时代的概念。如果说第一章是一种本质揭示的话，那么第二章则是一种历史性定位。第二章并且以宏大叙事在 19 世纪下半叶的瓦解为标志，界定了严格意义上的技术时代。结合两章的论述来看，技术时代的危机实为人性的危机，人在主体性的极力追求中反而陷入主体性的彻底丧失。也因此，技术工具论可谓技术时代的意识形态，只有当我们意识到技术不只是工具，而且关乎政治，关乎真理，关乎目的领域的设定，也关乎人性生活的现实可能，我们才理解了技术时代的历史逻辑，才不会单纯乐观地欢呼当代技术的突破性进展。

反过来，我们也能理解，技术突破及其所需要的科学和资本支撑，何以会成为民族国家崛起道路上的重要任务。一个政治共同体只有转型为现代意义上的民族国家，致力于资本—科学—技术系统的建立，才能享有主权的保障，建立稳定增长的经济体系，实现社会的有效治理。只不过，民族国家仍是技术系统的一个环节。如果一个民族国家自愿承担世界历史使命，那就大有必要深入反思技术时代，既澄清其内在逻辑，又揭示其内在危险，从而开展出新的文明理想。惟其如此，一个政治体才能在世界历史上迈出新的步伐。也正因此，我们不能止步于利奥塔，而要进一步考察雅斯贝尔斯的轴心时代论，探测这一有意走出西方中心论的新型宏大叙事的思想潜能。

第三章　技术时代的历史哲学

——雅斯贝尔斯轴心时代论新释

技术的加速发展将带来人类的解放、进化还是更深的异化？在雅斯贝尔斯所构造的世界历史图式中，我们正处身技术时代的巨大危机之中。具体而言，在他看来，人类共经历了史前时代（普罗米修斯时代）、古代高度文化、轴心时代和技术时代（新普罗米修斯时代）这样四个时期。技术时代之前，不同文化体其实并未形成实质性的交往，而技术时代之特别在于：（1）那种孕育了技术时代的轴心文化已然支配了并将更完全地支配所有的文化体；（2）技术时代有淹没一切文化体的巨大危险；（3）技术时代也因此以全新的方式提出了全球交往和世界秩序问题，其规模和深度，都是之前未曾有过的。[①]

① 德语思想传统对文化（Kultur）和文明（Zivilisation）做了明确区分。雅斯贝尔斯虽然并不突出这一区分，却仍然采用了文化（Kultur）作为基本词语，本书因此而采用“文化体”的说法（在某些没有必要细作区分的段落，也沿用文明体的说法）。有关这种区分的经典讨论，参看埃利亚斯：《文明的进程》，王佩莉、袁志英译，（转下页）

只有从这种时代忧思出发，我们才能真正理解雅斯贝尔斯的世界历史图式和当中的轴心时代论。也就是说，雅斯贝尔斯的世界历史叙事背后，是他面对技术时代所作的政治哲学规划，这种政治哲学针对的不是一个民族共同体的内部秩序问题，而是资本—科学—技术体系驱动下的全球交往和世界秩序问题，是超越民族国家层面的文化体之间的秩序问题。① 正是因为如此，我们有必要在现代技术再一次加速升

（接上页）上海译文出版社，2009，第1—8页。有关这一区分以及非德语思想界对这一区分的态度，亨廷顿做了简要论述："19世纪德国的思想家描述了文明和文化之间的明显区别，前者包括技巧、技术和物质的因素，后者包括价值观、理想和一个社会更高级的思想艺术性、道德性。这一区分在德国的思想中保持了下来，但在其他地方并没有被接受。"《文明的冲突与世界秩序的重建》（修订版），周琪等译，新华出版社，2010，第20页。勒佩尼斯（Wolf Lepenies）在《德国历史中的文化诱惑》中，着重考察了德国思想传统何以"将文化视为政治的替代物"，对文明/文化区分做了深入的批判。尤其参看勒佩尼斯：《德国历史中的文化诱惑》，刘春芳、高新华译，译林出版社，2019，导言，第5—7页。

① 在《雅斯贝尔斯的"轴心时代"与欧洲文明的战后重建》一文中，董成龙同样着意考察雅斯贝尔斯在战后提出"轴心时代"的现实意图，然而文章的视角却局限于雅斯贝尔斯对纳粹政治和纳粹德语（"轴心国"）的抗争和戏仿，将雅斯贝尔斯的思想意图局限于"特定历史情境"。本文认为这种政治史学的视角过于狭隘，错失了轴心时代论真正的意图。政治史学的历史主义倾向将一切思想论述都相对化、情境化，消解了哲学思想本身所具有的更为宽广的视角。本文接下来的论证将表明，《论历史的起源与目标》一书针对的时代危机绝不止于纳粹统治，而是整个技术文明，并且在战后，雅斯贝尔斯忧心的显然更多的是苏联和美国所代表的技术统治的另外两种方向。至于文章所谓雅氏因戏仿而落入的思想陷阱，即落入某种"中心视角"，同样是政治史学对于政治哲学的误解。如果拒斥政治哲学对于世界历史的任何历史哲学叙述，那么，要么就只有放弃世界秩序的构建，要么就得主张，一切世界历史话语其实都只是权力话语。如果放在古典政治哲学的框架中来看，这就是智术师对于哲学的解构。参董成龙：《雅斯贝尔斯的"轴心时代"与欧洲文明的战后重建》，载《探索与争鸣》2019年第3期，第110—117页。

级乃至发生根本变革之时，重温雅斯贝尔斯的轴心时代论，借此以一种历史哲学的眼光反思技术时代的人类生存。①

作为一种技术时代的历史哲学，雅氏的全部历史叙事立足于当下的危机并朝向第二轴心时代的兴起，世界历史因此是一种着眼于世界秩序的历史哲学。从这样一种基本看法出发，我认为，雅斯贝尔斯的第一轴心时代论已然摆脱西方中心论，可他对现代性的分析又使得他必须仍然持有一种西方特殊论，只不过这种西方特殊论蕴含着超出西方、面向东方的要素。他将技术统治的克服和第二轴心时代的到来寄托于东西方之间的文化对话。

一、两种轴心时代

我们说，雅斯贝尔斯的世界历史叙事源于他对技术时代的忧思，这并不意味着，他对技术时代持有一种全然悲观的论调。他的世界历史叙事，实际上恰恰是对技术时代作一种重新理解和重新定位的尝试，是从更宽广的视角来审视、容纳和化解当下危机的努力。我们甚至可以说，他的整个世界历史叙述其实都围绕着技术时代问题。首先，他以技术时代为界，构造了人类历史上的“两次呼吸”：“第一次呼吸是从普罗米修斯时代开始，经过古代高度文化，直到轴心时代

---

① 阿伦特也从技术时代的忧思出发理解雅斯贝尔斯的轴心时代论，参《卡尔·雅斯贝尔斯：世界公民？》，载阿伦特：《黑暗时代的人们》，王凌云译，江苏教育出版社，2006，第78—85页。

及其产生的后果。第二次呼吸开始于科学技术时代，亦即新普罗米修斯时代，它通过与古代高度文化的组织和规划相似的形态，或许会进入一个关乎真正意义上的成人的崭新的第二轴心时代，虽然对我们来说，这个第二轴心时代仍然遥不可及、隐而未彰。”①

其次，在两次呼吸的构造中，他事实上将技术时代所可能通向、或他努力要引向的第二轴心时代，规定成了整个人类历史的目标。第二轴心时代是“普罗米修斯时代”的技术要素、古代高度文化的组织要素和第一轴心时代的人道要素的某种综合。三者被纳入一个新的形态，并在这个新的形态中呈现出全新的面貌。有必要说明的是，古代高度文化（约略相当于我们通常所谓“四大文明古国”）的共同特点和核心要素就在于大规模组织的实现，这一方面基于农业文明的治水需求，“治水和灌溉组织任务，迫使中央集权化、官僚制度和国家的形成”，另一方面，“文字的发明是那种组织的一个必要条件”，在文字的基础上才形成了一个“笔杆子阶层”。② 现代技术无疑不仅针对自然，而且针对人群，实现了人类更大规模、更高效率的组织。就此而言，雅氏称我

---

① 雅斯贝尔斯:《论历史的起源与目标》，华东师范大学出版社，李雪涛译，2018，第 33 页。译文根据德文版改动：Karl Jaspers，*Vom Ursprung und Ziel der Geschichte*，1949，S.46. 凡出自这本书的引文，无论译文是否根据中译做出改动，下文皆只标出中文版和德文版页码，不再一一说明。

② 中文版第 56—59 页；德文版第 69—73 页。

们的时代为“新普罗米修斯时代”，就尚有不确切处。因为，这个“新普罗米修斯时代”至少在部分意义上同时已经是“新的高度文化时代”。[①] 换言之，普罗米修斯时代发展了人针对自然的技术，而古代高度文化则发展了针对人群的组织技术，并在此基础上进一步发展了人针对自然的技术，新普罗米修斯时代的技术则同时伴随着人群组织技术的发展。所缺少的也正是雅斯贝尔斯的轴心时代论的核心关切，此即技术时代的“人道觉醒”。

显然，雅斯贝尔斯的轴心时代论分为“第一轴心时代论”和“第二轴心时代论”。我们目前关于轴心时代的讨论过多地关注已然过去的第一轴心时代，而很少关注行将到来的第二轴心时代。我们难道不正因此而错失了雅斯贝尔斯的轴心时代论的核心要旨吗？如汉学家罗哲海所言，“雅斯贝尔斯理论的伦理核心”和现实关切常遭忽视，这使得有关讨论大多局限于“文明比较研究”范围内的史实争论。如果停留在这个层面，那么无论是反驳还是辩护的一方就都没有抓住要点：“在社会科学中，雅斯贝尔斯的规范性视角已经大体上被一种解释性与描述性的视角所取代，关注全人类的视角被关注伟大‘文明’之多样性的视角所取代，而面向未来的视角则被代之以回溯历史悠久的文明类型的形成过程的

① 有关古代高度文化，雅斯贝尔斯说：“人尽管拥有了精致的文明，但依旧处于蒙昧状态。而技术合理性的特殊形式与这一缺乏真正自我反省的蒙昧状态又是一致的。”中文版第 59 页；德文版第 73 页。

视角。”[①] 汉学家罗哲海此言可谓一语中的。雅斯贝尔斯的轴心时代理论是立足于现代人类生存现实而提出的一种有着深切政治哲学关怀的历史哲学，而非一个历史学或社会科学的命题。[②] 其视角是规范性的而非描述性的，是全人类的而非局部的和一味多元论的，是面向未来的而非单纯回溯过去的。

参照其第一轴心时代论述来看，雅斯贝尔斯将我们的时代定位为新普罗米修斯时代，这意味着，这是一个技术获得突破，但人道重陷蒙昧的时代。所以，我们虽可以说，新普罗米修斯时代是第二轴心时代的开端，也可以说，或者更应该说，正是因为我们进入了技术突破而人道蒙昧的第二普罗米修斯时代，所以我们才有必要展望第二轴心时代，召唤第二轴心时代的到来。总结言之，雅斯贝尔斯正出于这样的时代忧思才提出轴心时代论，其轴心时代论并非一种朝向过去

---

① 罗哲海:《轴心时代理论——对历史主义的挑战，抑或是文明分析的解释工具？中国轴心时代规范话语解读》，刘建芳、胡若飞译，刘梁剑校，载《思想与文化》第16辑，杨国荣主编，华东师范大学出版社，2015，第6页。

② 张汝伦已有类似论述:“实际上‘轴心时代’并非一个纯粹史学的概念，而是一个渗透着雅斯贝尔斯政治理想的历史哲学概念。”张汝伦:《“轴心时代”的概念与中国哲学的诞生》，载《哲学动态》2017年第5期。另外，张汝伦也在这篇文章中指出了人们对轴心时代论的普遍误解:“在许多华人学者那里，‘轴心时代’几乎成了一个事实性而不是解释性概念。‘轴心时代’好像和新石器时代一样，是一个人类文明普遍客观存在的时代。”只不过，作者在这篇文章中的主旨是为了反驳余英时在《论天人之际》中对中国哲学开端的界定，只是提出但并未展开论述上面两种看法。

的史学理论，而是以未来为旨归的历史哲学。这种历史哲学意在凭借合乎理性的希望召唤一个人道重新觉醒的“未来”，以此来救治这个技术发达而人道重新陷入蒙昧的“现在”，为此才需要回顾一个人道曾经觉醒的“过去”。

二、新普罗米修斯时代的危机

雅斯贝尔斯花了大量笔墨来细数和渲染新普罗米修斯时代所面临的人道危机。在一部历史哲学著作中，花费整整三分之一篇幅来论述现时代的特征和走向，这种布局初看之下是颇令人费解的，仿佛一本杂凑之作。[①] 相比之下，对第一轴心时代的论述就显得非常单薄，大多只是理念性的，很少深入史实层面展开论证，这大概是许多论者不满意雅斯贝尔斯这本“轴心时代论”的一大原因。一位读者如果久仰轴心时代之名，为此才打开这本名著，那么他所得到的大约只是失望。因为，书中对中西印三大文化体之特质的论述实在太过薄弱了，其详尽程度甚至比不上梁漱溟那本同样带有强烈问题意识和观念意图的《东西文化及其哲学》。[②] 但这样的读者其实误解了这部书的性质，这部书论述第一轴心时代是

① 全书分为三部分：“世界历史”、“当下与未来”、“历史的意义”，其中第二部分就以技术时代为主题。

② 雅斯贝尔斯的轴心时代论在具体内容上因而颇多可商榷处，比如，有关中国哲学可参看吾淳：《希腊与中国：哲学起源的不同典范》，载《同济大学学报（社会科学版）》2019 年 2 月，第 1 期，第 84—94 页。

为了展望第二轴心时代，以应对当下的人道危机。所以，作者才会花大量笔墨论述当下的人道危机，这种论述并非离题之言，而是用心所在。①

有关新普罗米修斯时代的人道危机，我们无法在此详论，只概括性地指出以下两个主要方面。第一方面是作为现代人道之根本的科学精神陷于蒙昧。第二方面是作为现代生活之主宰的技术导致了人的异化。科学是现代启蒙的主导力量，是现代人道的根据所在，也是新普罗米修斯时代区别于史前的普罗米修斯时代的关键所在，然而，在雅斯贝尔斯看来，科学精神本身只有稀少的彰显并且已然陷入蒙昧。首先，普及众生的科学实际上只是少数人的事业，真正得到普及的绝不是科学精神，而是科学所带来的技术成果："科学在今天被普遍地传播和承认；每个人都认为自己得以分享它。但纯粹的科学和明确的科学态度又是极其少见的。"其次，大多数人对科学抱着不恰当的希望，也会因此落入不恰当的失望。他们以为科学可以解答一切问题、救治一切苦难："这一错误的期待是对科学的迷信，接下来的失望又导致了对科学的蔑视……这二者都与科学本身没有关系。因此，科学尽管是时代的标志，它却是以非科学的形态出现的。"再者，科研的产业化和分工化甚至使得科研人员本身也缺乏科学精神，也并不能概览和洞察科学本身："科学看

① Menschsein 在本文所参照的李雪涛译本中翻译为"人之存在"，本文尝试将之译为"人道"，取人之为人的含义。

起来似乎是最熟悉的东西，实际上也是最为隐蔽的东西……即便是研究者本人，他们在自己的专业领域进行着他们的发现……他们也经常在他们的行为中暴露出来不知道何谓科学，他们只在狭小领域内是专家。”最终，这个开始于科学革命的新时代，几乎势不可挡地落入技术统治的钢铁牢笼了：“仿佛是精神本身被拖进了技术的过程之中，甚至连科学也服从于技术。”①

科学革命如是导向了技术统治。所谓技术统治，指的是技术发展并非简单地提供了工具上的便利，而是反过来不断将人卷入一个异化人的系统，并且这种卷入是以进步的名义进行的。②技术革命是人类生活的整体革命：“与几千年来相对稳定的技术状态形成对立的是，自 18 世纪以来发生的技术革命以及由此而产生的人类生活的整体革命，这一革命

---

① 中文版第 109—113 页；德文版第 124—128 页。有关科学的技术化，后文还有更深入的论述：“技术性的思维方式蔓延到了人的行为的所有领域。这一思维方式的革命进入了各门科学之中，明显的例子是在医学的技术化、自然研究的工业化以及有组织的活动方面，愈来愈多的科学在类似于工厂的产物中进行。如果要获得预期的成功，那么这一事业是要求技术的组织的。”（中文版第 141 页；德文版第 158 页）

② 与同时代的海德格尔不同，甚或针锋相对，雅斯贝尔斯明确持有一种技术工具论：“技术仅仅是手段，其自身并无善恶之分。这要看人想从中得到什么，技术出于什么目的而服务于人，人将技术置于哪些条件之下。问题是，什么样的人掌握了技术，人通过技术最终展示自己为何种人。”（中文版第 144 页；德文版第 161 页）这与他在著作中对技术统治的描绘并不相应，可雅氏的论证亦有内在理路，他主张技术工具论是为了呼唤人道的觉醒，实现第二轴心时代。

的速度时至今日依然不断提升。卡尔·马克思是以其恢宏的文笔首先认识到这场革命的人。”雅斯贝尔斯于是接续早期马克思的眼光，并带着浓重的韦伯语调，描绘了人被拔离传统之根、被置入现代技术体系的场景：“技术已经造成了人在其环境中日常生活方式的根本改变，迫使劳动方式和社会走上崭新的道路：通过大量生产，通过将社会全体的生活方式转变为了在技术上已经完成了的机械构造，将整个地球变成了一个唯一的工厂。因此人丧失了他的每一块地盘，这已经发生并且正在发生。人成为没有家乡的地球人。他失去了传统的连续性。精神已被降低为为了实用的功用而进行的习得和训练。”① 凡是不能被纳入生产和消费系统、不能在这一系统中体现其作为环节的有用性的一切，就都失去存在的位置。于是，技术统治使得现代人陷入了有用性的暴政，这种暴政的结果是现代虚无主义，因为具有超越性的意义世界本身失去了存在的位置：“这一机械化的后果产生了机械强制性、可计算性以及可靠性的绝对优势地位。与此相反，所有心灵上的以及信仰上的东西，只有在对于机器的目的有用的前提条件下才允许得以存在。人自身也变成了被有目的地予以加工的原材料。”② 一切都可被计算、一切都得有手段之用，于是人类生活构成了一条无限向后推延却不得满足的手段目的链条，因为如果要得满足，那么构成这个链条终点的

---

① 中文版第 114 页；德文版第 129 页。

② 中文版第 142 页。

目的必定不能再是手段，它必须得有真正的超越性。可任何超越性都在这个系统中被剥夺了合法性，丧失了存在的空间，于是技术统治的最终结果是现代虚无主义，人道之蒙蔽不彰于是登峰造极。

总而言之，现代科学和技术乃是“全然新颖之物”，新普罗米修斯时代的到来可谓人类五千年未有之变局：“这一转折点就其巨大影响而言，是我们在过去五千年的历史中所获知的东西都无法比拟的。”[①] 然而，身在其中的我们并不容易看清这种变局的来源、意义和走向，只有从世界历史的尺度出发，方能衡量之。也只有从这种世界历史的眼光出发，方能应对之。

三、西方特殊论的残余?

我们只有从新普罗米修斯时代所触发的问题意识和第二轴心时代的深远关切出发，才能理解雅斯贝尔斯的第一轴心时代论的构造，因为技术统治所带来的人道危机是轴心时代论的真正出发点。

雅斯贝尔斯的轴心时代论之所以广受关注，主要是因为他能跳出西方中心论的眼光来看待世界历史。可他的轴心时代论并非一种平等主义的文化多元论，后者是 19 世纪的实证主义者提倡的立场，从这种立场来看，“苏丹黑人间的战

① 中文版第 95 页；德文版第 109 页。

斗与马拉松战役和萨拉米斯海战具有同等的历史学意义，甚至由于参加的人数众多而具有更重要的意义”。[①] 这种平等主义的文化多元论虽然有反对欧洲中心论的功效，却也会陷入否定文化价值的荒谬境地。雅斯贝尔斯的轴心时代论一方面位于德国哲学家（如黑格尔）的历史哲学路线上，另一方面又位于斯宾格勒—汤因比和韦伯兄弟的文化史脉络之上。他的文化史观重建了历史的等级和结构：多元而又不失等级和结构，既挽实证主义之失，又避免了欧洲中心论的狭隘，是难得的持平之论。

具体而言，雅斯贝尔斯所表彰的轴心时代并非力量上最强大、经济上最发达的时代（轴心时代在力量上无法比拟之后的帝国，更无法与现在的技术统治相提并论），而是文化上最辉煌的时代，轴心时代的判别标准是一种精神上的觉醒：“这一时代的崭新之处在于，在所有这三个世界，人们开始意识到存在之整体、意识到自身及其局限。他们感受到了世界的恐怖以及自身的无能为力。他们提出了诸多根本的问题。在无底深渊面前，他们寻求着解脱和救赎。在意识到自身能力的限度后，他们为自己确立了最为崇高的目标。他们在自我存在的深处以及超越之明晰中，体验到了无限定的状态。”[②] 这种哲学性觉醒为后世文明和人类的思想确定了基本范式。伴随着觉醒而来的也有对以往传统的怀疑和扬

① 中文版第 4 页；德文版第 16 页。
② 中文版第 8—9 页；德文版第 20 页。

弃，以及不同学派之间的争执。雅斯贝尔斯的描述基本上是将西方传统上归于希腊哲学的精神成就普遍化，归为中西印三大文明体共同的成就。换言之，他认为，走出神话时代不是希腊独有的成就："希腊、印度、中国的哲学家们以及佛陀的重要见解，先知们关于上帝的思想，都是非神话的。一场从理性精神和理性启蒙的经验出发，向神话发起的战斗（"Logos" 反对 "Mythos"）开始了……通过宗教的伦理化，神性得到了提升。"① 但雅斯贝尔斯并未完全消弭希腊哲学与其他文明的觉醒经验之间的区别，只不过他更强调的是同一而非差异罢了："哲学家首次出现了。人们敢于作为个体依靠其自身。中国的隐者和云游思想家，印度的苦行僧，希腊哲学家，以色列的先知们，共属一体，尽管他们在信仰、思想内容、内在状况上截然不同。"②

所有这些觉醒经验的共同点是人超出狭隘的自我，而向整全开启自身，如此才成为人。在历数了各种朝向整全、融入整全的经验（如向理念上升、如梵我合一、如与道相合，等等）之后，雅斯贝斯总结说："以上所述尽管在思想意识和信仰内容方面其意义完全不同，但有一点是共同的，人超越了自身，他在存在的整体中意识到了自我的存在，并且走上了作为个体必得走上的各条道路。"③ 也就是说，个体和

① 中文版第 9 页；德文版第 21 页。

②③ 中文版第 10 页；德文版第 22 页。

整体在觉醒经验中一同展现了。不只有群体生存，而且还有个体的生存性追问，并且正是这种追问才打开了整体视野。轴心时代之前的古代高度文化可能也很繁荣，但并未觉醒（unerwacht），这些文化都被轴心文化所吸收和总结，而轴心时代之后的帝国只是文化的保存。觉醒与否，是轴心时代的惟一判准。没有经历过轴心时代的民族，要么根本没有参与这种觉醒，那就还“保持着‘自然民族’的非历史生活”；要么与之发生接触，“被历史所接受”。

总之，轴心文明之间的距离并不如想象的那么大，甚至于，“直到公元 1500 年左右，大文化圈之间依然存在着一种相似性。”① 我们可以看到，就第一轴心时代本身而论，雅斯贝尔斯确实采取了一种全然平等的态度来对待三大轴心文明。然而，从 1500 年以后，西方走出了一条与所有其他文化体不同的道路：“西方在欧洲中世纪结束以后产生了现代科学，并在 18 世纪末以来，依靠现代科学产生了技术时代——这是轴心时代以来在精神和物质领域的第一个全新的事件。”② 现代科学及其所导向的技术统治决定性地改变了人类生存的基础，由之推动的全球范围内的现代化将所有的文化区域都纳入了资本—科学—技术系统之中。这使得我们

---

① 中文版第 73 页；德文版第 87 页。

② 中文版第 32 页；德文版第 44 页。另：“但在过去的几个世纪中，一种在本质上全新的独特事物出现了：科学及其在技术上的后果。自有记录的历史以来，没有一个事件像科学一样从里到外彻底改变了世界。”中文版第 73 页；德文版第 87 页。

不得不对西方另眼相看，在雅斯贝尔斯看来，欧洲中心的历史意识因此并非全然虚妄："在过去的数个世纪中，欧洲的历史意识将所有前希腊和前犹太的文化都看作是与自我相异的，并把它们贬低为单纯的历史前奏。它把地球上存在于他们自己精神世界之外的一切，都归于民族学的广泛领域，并将他们的创造收藏于民族学的博物馆里。但这种很久以前就被纠正了的盲目性，却包含着一种真理。"① 西方历史意识的独特性基于现代性的发生，科技是其中最强大的力量，而向科技的突破之所以只发生在西方，得从西方轴心时代文化的基本特征中去寻找解释要素。只有这时，雅斯贝尔斯才开始谈论西方的特殊性。这看似与一开始的持平之论相矛盾了，实则不然。泛泛地指责雅斯贝尔斯仍有西方中心论的残余，实际上是文不对题的，是对话语层面的混淆。② 如果局限于第一轴心时期来看，那么，我们可以说，雅斯贝尔斯已然摆脱了西方中心论。

只有当雅斯贝尔斯着眼于现代性危机并展望第二轴心时期的时候，他才回到了某种无可避免的"欧洲中心论"或"西方特殊论"，因为现代性仅发源于西方。只不过这种欧洲中心论本身又有着走出欧洲中心论的要求，因为现代性的全

① 中文版第 73 页；德文版第 87 页。

② 如："雅斯贝尔斯毕竟是一个西方学者，他的知识和学术训练又必然导致他不可能完全摆脱西方中心论的观点。"吾淳：《重新审视"轴心期"——对雅斯贝斯相关理论的批判性研究》，上海人民出版社，2018，第 6 页。

球蔓延并非历史的终结，而是新问题和新时代的开端，雅斯贝尔斯也正是在这个意义上将现代命名为“新普罗米修斯时代”，与史前的、蛮荒的普罗米修斯时代相对应。所以，即便在这种“西方特殊论”当中，他一方面坚持西方文化的特异性和欧洲的优先地位，另一方面又意识到欧洲文化出现了巨大的问题，因此而将目光转向了东方。这种转向因此仍然不免欧洲色彩，可确实已经从欧洲的视角出发开展出了一种“世界哲学”的视野，因为欧洲的命运已经成为世界的命运，而东方的视角成了纠正西方视角之偏颇、开启新时代的关键要素：“在欧洲一切领先的情况下，西方失去了什么？只有当我们提出这个问题的时候，亚洲才对我们变得至关重要。在亚洲存在着我们所缺乏、但又与我们密切相关的东西！”①也就是说，轴心文化体从一开始就走了不同的道路，可毕竟是从同一个人性的根源出发的，所以每一条道路都有所长而有所短，任何另外一条道路就会是自身道路的补充。在中西印三条道路中，只有西方才成为真正意义上的世界文化，可正因此，亚洲才变得极为重要，因为只有通过这另外两条道路，而不是通过西方本身，才能挽救现代性的缺失。

论者常因雅斯贝尔斯试图摆脱欧洲中心论而褒扬之，也常因其残留的“欧洲中心论”色彩而批判之，殊不知，雅斯贝尔斯比多数论者所以为的更加一贯，他的“欧洲中心论残余”

① 中文版第85页；德文版第95页。

最终又引发了一种走出欧洲中心的思想动力。要言之，真正重要的不在于对欧洲中心论的意识形态式审判，而在于是否能够直面当下时代的现实。这个现实使得我们不得不首先是欧洲中心的，因为舍此不足以理解现代世界，可只要我们还能够对这样的现实报以足够清醒的批判意识，那就不得不走出西方，走向东方。一味主张文化多元论或者一味反对西方中心论，恰恰说明主张者和批判者还停留于西方中心论的阴影，并与教条主义的西方中心论者一样持有一种教条主义的反西方中心论态度，其为教条主义者，实如出一辙。真正透彻的态度，不是为求平等而平等、为求多元而多元，而是在该平等的地方平等，该多元的地方多元。重要的还是在于以开放的心态、基于我们共同的生存现实真正展开东西方之间的对话，惟其如此，才有可能走出现代性的困局。雅斯贝尔斯在1949年所提出的轴心时代论因此又是一种文化对话的呼声："轴心时代的步伐有着三种不同的历史样式，这仿佛一种对无限交流的要求。认识并理解他者，这有助于清楚地认识自己，克服在自我封闭的历史性中可能具有的狭隘，跃入广阔的空间。"①

① 中文版第28页；德文版第41页。这种对话的开展往往会涉及一些难以处理的深层问题。如雅斯贝尔斯认为，"政治自由是一个西方现象。"于是，从世界历史的全部画面来看，政治自由并非人道的必备条件："即便是在政治不自由中，高度的精神活力、创造力，内心深处的精神生活也是可能的。"可即便如此，雅斯贝尔斯接着做了一个历史判断："我们认为政治自由是值得追求的，因为政治自由再也不能与'人道'观念相脱离了。"（中文版第197—198页；德文版第214—215页。）

四、对话或冲突？

总体上看来，《论历史的起源与目标》虽不乏结构，可也并非一部严整、深邃的体系性著作，其开拓之功远大于实际上的理论成就。关于轴心时代，雅斯贝尔斯的论述显然是过于宽泛的。他触及了许多要点，可也只是触及，缺乏深入探讨。但这部书确实从现实问题出发提出了一种新的历史哲学，这种历史哲学既突破了西方以往历史哲学的视野和构架，也合乎时代的要求，切中了我们的普罗米修斯问题。就此而言，雅斯贝尔斯是一位有着良好判断力的思想家。

然而，与论述之肤廓相比，呼唤对话的轴心时代论可能存在的更大问题，或许仍然在大的判断上？雅斯贝尔斯是否过高地估计了技术统治对于文化的抹平效应？也过高地估计了不同文化体之间互相对话的诚意和互相理解的可能？相比之下，当下的现实似乎更多地印证了亨廷顿的“文明冲突论”。亨廷顿自然也看到了技术时代所带来的文化抹平，可他观察到，能被抹平的只是“西方消费模式和大众文化”这样的文化表层，“只是一些缺乏重要文化后果的技术或昙花一现的时尚”。[①] 这样的论断或许同样失之偏颇，因为地球上确实没有哪个文化体不在全球化中大大地变换了面貌，而且变化之速仿佛昼夜之间。可亨廷顿也尖锐而准确地

① 亨廷顿：《文明的冲突与世界秩序的重建》（修订版），周琪等译，新华出版社，2010，第36—37页。

指出："在中东的某个地方，几名年轻人完全可以穿着牛仔裤，喝着可乐，听着摇滚乐，但他们却可能在向麦加顶礼膜拜的间隙，造好一枚炸弹去炸毁一架美国飞机。"[①] 无论亨廷顿是否低估了技术时代的文化抹平效用，他无疑准确地预言了文明冲突对于世界政治的决定性影响。亨廷顿之所以作此论断，是因为他看到，冷战之后，随着意识形态之争的终结，人类的文化认同重又成为敌我区分的根本要素，成了政治的概念。也就是说，亨廷顿的论断不仅基于敏锐的现实观察，而且基于一种政治的逻辑：认同感和基于认同感的敌我区分是政治的核心要素。在几乎一切都被抹平的时代，在历史看似终结处，古老的文化要素重又成为认同感的来源，成为新的政治话语。技术时代在抹平表面的同时使得内在的文化认同凸显出来成为敌我区分的根据。这时，不但文明的对话无法真正展开，而且文明的差异会被强调、被凸显，因为只有这样才能成功地建立政治体的认同感、提高凝聚力。[②] 文明冲突论成了另一种技术时代的历史哲学。全球政治的保守主义转向和国际冲突的增加仿佛正在进一步验证亨廷顿的判断。

---

① 亨廷顿：《文明的冲突与世界秩序的重建》（修订版），周琪等译，新华出版社，2010，第 37 页。这本出版于 1996 年的著作几乎准确地预言了五年后的事件，而这个事件的后果迄今仍然笼罩着西方世界。

② 当然，这样一种以形成认同感为目的的文化保守主义往往落入文化工具论，其复兴的是否真的是传统文化的精神，抑或内里其实藏着某种极为现代的民粹主义，这是非常值得审查的问题。

尽管如此，我们仍然无法放弃雅斯贝尔斯的希望，因为“世界成为封闭体，地球整体的统一已经到来……所有重大的问题都成为世界性的问题，现在的状况成为人类整体的状况。”雅斯贝尔斯一方面位于德语世界的现代性反思传统当中，接续布克哈特、尼采和韦伯对于现代“人道”的忧虑。另一方面，他又对未来抱着坚定的信心：“人不能完全停止其为人。”人道不绝，可人如何对抗这种牢笼的危险呢？“唯一的机会在于意识到这一恐怖的事件。”将这种“不安”或“焦虑”（Angst）的意识转化为“积极的关怀”（aktive Sorge）：“不安是值得肯定的，它是希望的根基。”① 可以想见，在未来很长一段时间，我们都将同时生活在亨廷顿的现实和雅斯贝尔斯的希望之中。无论如何，就我们所关心的技术时代论题而言，雅斯贝尔斯的轴心时代论都提供了一种值得严肃对待的新叙事。

可无论是文明对话的开展，还是一种元叙事的构造，都得基于技术时代的哲学问题，基于当下世界问题的“公共平台”，否则便会落入狭隘而自大的民族主义。因此，在进一步探寻技术时代的出路之前（第三部分），我们要在第二部分着重考察技术时代的生存实情，更为深入地辨析“技术时代的哲学问题”。

① 中文版第 175 页；德文版第 191 页。

末人的强力与无力

生活于19世纪下半叶的尼采，和马克思、海德格尔一道被称为我们时代的“技术命运的真正先知”，各种超人类和后人类思潮都把尼采视为自己的思想先驱。如果说，严格意义上的技术时代始于宏大叙事在19世纪下半叶的瓦解，那么尼采笔下的上帝之死与虚无主义危机正可以被视为这种瓦解的哲学表达。就此而言，尼采甚至可谓技术时代的第一位思想家。

然而，与之前的马克思、之后的海德格尔相比，尼采很少直接谈及技术。尼采自己究竟如何看待技术？尼采的技术之思在今天能给我们怎样的启发？在这一部分，我们将辨析尼采在技术问题上的基本立场，而更重要的，是透过尼采、透过一种接续尼采眼光的当代社会病理学诊断来澄清技术时代的生存实情，更为深入地阐发技术时代的人性危机。这种危机可集中地概括为尼采的末人诊断，概括为“末人的强力与无力”。

第四章　尼采、技术与超人类主义

当代技术的发展将把我们带向何方？启蒙运动的进步主义历史观或许并未过时？或许只是没有在 18、19 世纪得到足够的技术支持？随着人工智能和生命科学的突破性发展，这种历史观会在 21 世纪卷土重来吗？自 AlphaGo 于 2016—2017 年间完胜人类顶尖棋手，以及 2018 年的基因编辑婴儿事件以来，有关当代技术及其可能带来的未来世界图景的讨论，可谓不绝如缕。哲学以其根深蒂固的沉思品格而往往与现实世界的诸种潮流保持着静观的距离，可当一种潮流已然现实地规定着时代的信念系统、动摇了既存的自我理解、并塑造着我们的未来想象，哲学对此就当有密切的关注和深入的反思。哲学上的真问题从来也都生发自时代精神的深处，都要回应一个时代的根本忧虑、困惑和希望。

一、尼采与当代技术？

可百多年前的尼采与当代技术何干？尽管尼采在其哲学

生涯的最后时期曾一度高喊着要选育“更有价值、更当生存、更有前途的人”①，可他心目中的选育所指向的主要是价值重估，以及基于价值重估的文化再造。他可能压根就没想到过人工智能和基因编辑的可能性，更不会想要通过这种技术进步来实现自己的选育主张。虽然如此，尼采仍然是我们理解当代技术问题时需要着重关注的哲学家。首先，从大的层面来说，对于我们生活于其中的现代世界，尼采是可以同黑格尔、马克思以及之后的海德格尔相提并论的观察者、分析者和批判者。尼采和之前的黑格尔和马克思一样，几无可能想象当代技术发展的现实形态，可我们依然能够通过他们的分析理解当代技术发展的某种深层逻辑，他们的分析并没有随着十九世纪技术的过时而被淘汰。因为，无论技术乐观主义者如何高喊“未来已来”、“奇点”将至，仿佛一夜之间我们已经置身另一个时代，当代技术都根植于现代世界本身，离开对现代性的深入分析，我们的讨论要么只能局限于技术细节，要么必定流于喧嚣的表面。其次，尼采事实上见证了现代技术对19世纪西欧的重大改变。电报、打字机、火车、照相机，这些典型的现代技术产物正在他所生活的那个世界里蓬勃发展，并改变着社会的面貌。而当代技术的发展仍然是从那时开始的技术和产业革命的继续。②此外，如

① 尼采:《敌基督者》，余明锋译，商务印书馆，2019，第5页。

② 波斯特洛姆（Nick Bostrom）在《超级智能》一书开篇处所绘制的“世界GDP（国内生产总值）增长的长期历史趋势”可以清晰地说明这一点。（尼克·波斯特洛姆:《超级智能》，张体伟、张玉清译，中信出版社，2015，第6页）科学革命和启蒙运动虽然发生于17和18世纪，但是欧洲生产力的爆发却开始于两者在19世纪的技术实现。

上一章所论，严格意义上的技术时代就始于宏大叙事在19世纪下半叶的瓦解，而尼采笔下的上帝之死与虚无主义危机正可以被视为这种瓦解的哲学表达。就此而言，尼采恰是技术时代的第一位思想家。

由于饱受眼疾的困扰，在打字机刚刚投入市场的时候，尼采就尝试过用打字机写作。他因此而成为历史上第一位用打字机写作的哲学家。这台打字机至今仍然保存于尼采档案馆。可以说，尼采对现代技术并不陌生，他甚至能体会现代人通过敲击键盘来写作的全新感受。作为现代世界的一位敏锐观察者，尼采虽未对技术问题做过专题性的集中论述，可他就现代技术所做的个别观察迄今仍然能给我们带来不小的启发。最后，虽然尼采自己并未将超人思想与技术问题做明确的关联，可后世论者却在其中看到了现代技术的本质。首先作此论断的是海德格尔，他试图把尼采的超人解释为掌握现代技术也被现代技术掌握的大地统治者。[1] 海德格尔的

---

① 后期海德格尔的思考集中于技术问题和虚无主义问题，并且这两个问题在他那里实际上是一个问题的两个面相。海德格尔断言，我们正生活在这个技术—虚无主义时代，他并且在尼采那里找到了这个时代的形而上学表达。而技术—超人正是这个时代的“此在”类型：“需要有一种人类，他根本上适合于现代技术的独一无二的基本本质和现代技术的形而上学真理，也就是说，他让自己完全为技术的本质所控制，目的恰恰在于操纵和利用具体的技术过程和可能性。”（海德格尔：《尼采》下卷，孙周兴译，商务印书馆，2003，第798页。）2020年末，马斯克（Elon Musk）在接受Axel Springer CEO多普夫纳（Mathias Döpfner）访谈时表示，他的目标是帮助人类成为跨星球物种，让人类从地球文明跨越到太空文明。像马斯克这样的企业家（他最喜欢的称号不是企业家，而是工程师）大概近乎海德格尔意义上的技术—超人。

尼采解释大有借别人酒杯浇自己块垒的意思，其中最成问题的或许就是他把超人与技术统治联系在一起，这无论如何都缺乏坚实的文本证据。不难想象，在这一点上，他在后世尼采研究中鲜有追随者。[①]可出人意料的是，随着当代技术的发展，西方世界兴起了一股“超人类主义”思潮。议论者于是常把尼采的超人与“超人类主义”拿来比较，在超人类主义和反超人类主义的阵营中，都有不少人把尼采奉为思想先驱。比如，对超人类主义持批判态度的柯珞克（Arthur Kroker）就把尼采和马克思、海德格尔一道称为我们时代的“技术命运的真正先知”。[②]于是，尼采的超人又一次与现代技术紧密关联在了一起。

从尼采出发来考察当代技术因此具有重要乃至迫切的意义。但在切入超人类主义的讨论之前，我们要先看看，尼采自己究竟是如何谈论技术的。

---

① 海德格尔的尼采解释深刻影响了汉语世界的尼采研究。值得注意的是，孙周兴的尼采解释试图沿着海德格尔的道路，但并不局限于海德格尔的具体论点。他将尼采的未来哲学解释为一种技术哲学：“未来哲学是技术哲学。未来哲学必须对‘技术统治’给出应对之策。”进而，又解释为一种艺术哲学：“未来哲学是艺术哲学，是我们自然人类最后的抵抗。”围绕技术统治问题，他将尼采的未来哲学解释成了技术哲学与艺术哲学的二元一体。参孙周兴：《尼采与未来哲学的规定》，载《同济大学学报（社会科学版）》，2019 年 10 月第 30 卷第 5 期，第 30—31 页。

② Arthur Kroker，*The Will to Technology and the Culture of Nihilism*：*Heidegger*，*Nietzsche*，*and Marx*，University of Toronto Press. 2004.

二、技术问题在尼采思想中的位置

如果我们按照惯例，把尼采思想分为三期的话，那么可以说，以《悲剧的诞生》为核心的早期和随着《查拉图斯特拉如是说》(以下简称《如是说》)开始的后期都鲜有对技术的长篇的谈论。[①]"尼采论技术"主要散落在中期的三部格言集中:《人性的，太人性的》《曙光》和《快乐的科学》，而其中尤为丰富的是作为《人性的，太人性的》下卷第二部分的《漫游者及其影子》。鉴于尼采自己并未专题化地建构一种技术理论，我们在此并不打算将他有关技术的谈论搜罗备至，而是集中考察他在《漫游者及其影子》中几处有代表性的分析。[②]

尼采之所以能够在《漫游者及其影子》中对那个时代的

---

① 有关"尼采论技术"，更一般性的讨论参看 Robert E. McGinn，*Nietzsche on Technology*，in: Journal of the History of Ideas，Vol. 41，No. 4 (Oct.-Dec.，1980)，pp. 679—691。

② 对于尼采的思想和著作除了通行的三分法之外，还可以有一种更简洁的两分法，即：巴塞尔时期（1869—1879）和漫游时期（1879—1889)，两个阶段各十年。1879 年 3 月，《人性的，太人性的》下卷第一部分《杂见和箴言》出版后，尼采即提出辞职，6 月开始漫游生涯。而下卷第二部分《漫游者及其影子》写于是年 6 月底至 9 月初，并出版于 1880 年。也就是说，《漫游者及其影子》其实是尼采漫游阶段的开端之作。这种特殊意义还很少被注意到，因为这本小册子被并入《人性的，太人性的》下卷，往往和上卷一起被不加区分地谈论。参萨弗兰斯基:《尼采思想传记》，卫茂平译，华东师范大学出版社，2007，第 429—430 页。尼采:《人性的，太人性的》(下卷)，李品浩、高天忻译，华东师范大学出版社，2008，第 396 页。

技术作相当深入的考察，和他这一时期的思想姿态不无关联。一方面，他写作整本《人性的，太人性的》，是要告别早期的瓦格纳和叔本华崇拜，要告别先前不切实际的艺术形而上学和艺术宗教幻想。在《漫游者及其影子》中，反形而上学的动机更强烈地转向了眼前的事物："那些最为切近的事物是多数人不太注意的，是极难得受重视的……在最细小、最平常的事上无知，没有敏锐的目光——这就是使这个地球对那么多人来说成为'苦海'的原因。"① 另一方面，与《人性的，太人性的》上卷强烈的启蒙姿态相比，《漫游者及其影子》的开篇对话就在提醒我们，在这本书中，尼采的启蒙立场已然发生了微妙的转变。漫游者对他的影子说："我爱影子，就像我爱光明一样。为了让秀美的容颜、清晰的言语、善良和坚定的性格更鲜明，光与影缺一不可。它们并不互相为敌，反而亲密地手拉着手，光明一消失，影子就随之悄然失踪。"② 言外之意，自由精神认识到自己无法凭借理性之光照亮一切，而是注定了要和自己的影子共处。在题为"启蒙运动的危险性"的正文第221节，尼采小心地把启蒙运动和法国大革命区分开来。"真正的革命实体"是卢梭式浪漫主义激情，而非启蒙之清明节制的理性："启蒙运动其实与那一切毫不相干，它只为自己而存在，安静得宛如

① 尼采：《人性的，太人性的》（下卷），李品浩、高天忻译，华东师范大学出版社，2008，第598页。

② 同上，第594页。

一道穿越云层的光芒；它一向满足于仅仅改造个人，所以或许只能极为缓慢地改造各民族的习俗和机制。"① 但是，在被革命浪漫主义裹挟而变得暴力之后，启蒙本身变得污浊而危险了，"它的危险性几乎已经大于通过它而进入大革命运动的自由和光明的有益性了"。② 于是，尼采在这一时期的思想姿态是告别革命、告别激进启蒙的。他要洗去启蒙身上的浪漫主义污水，"从而在自己身上继续启蒙运动的事业，并在事后把革命扼杀在摇篮里，使其仿佛从未发生过"。③ 这是一段颇为出人意料的文字，因为它与尼采标志性的激进倾向恰恰相反，它是谨慎而温和的。它告诉我们，尼采在这个时期既放弃了之前的世界历史规划，又还没有形成《查拉图斯特拉如是说》之后的价值重估方案，他所着力进行的是一种清明节制的自我启蒙，并且这种启蒙完全意识到阴影的必然性。它以色诺芬的苏格拉底为榜样，通过反思性对话（苏格拉底意义上的辩证法）对切身的事物展开剖析，"通过理性和习惯"过一种合乎自身性情的"哲学生活"。④ 总而言之，《漫游者及其影子》虽然延续了尼采在巴塞尔末期的形而上学批判，可更多地把目光转向了个体及其周遭现实，可谓一种着眼于自我启蒙而又敏感于理性界限的"日常

① 尼采：《人性的，太人性的》（下卷），李品浩、高天忻译，华东师范大学出版社，2008，第721—722页。

②③ 同上，第722页。

④ 同上，第652页。

哲学”。

澄清了尼采在这一时期的思想姿态，我们就可以理解，为何他的技术思考几乎单单发生在这个时期，而在之前和之后都不再占有突出位置。中期尼采虽无激动人心的世界历史方案，却更加贴近自身时代的生活现实，而现代技术的兴起无疑是这种现实的一个重要构成要素。

三、尼采论技术

中期尼采对技术问题的重视，首先可以从《漫游者及其影子》第 278 节看出。他在这一节的标题把自己的时代总称为“机器时代”(Maschinen-Zeitalter)，并且以一种与后来的海德格尔相仿佛的语气断言，现代技术将开启一个全然不同的历史时期：“机器时代的前提——还没有人敢从报刊、机器、铁路、电报这些［机器时代的］前提中得出其绵延千年的结论。”[①] 不过，如前所述，尼采在这一时期对于宏大的历史叙事并无多大兴趣，他并没有从这样一个判断出发开展出海德格尔式技术—虚无主义的存在历史叙事。他毋宁更为具体地围绕“机器”这个核心前提分析了“机器时代”的诸种特征。

在第 220 节，尼采提出了“机器文化”(Maschinen-Cultur)

---

① 尼采：《人性的，太人性的》(下卷)，李品浩、高天忻译，华东师范大学出版社，2008，第 745 页。译文据尼采原文改动，参 KSA2，第 674 页。

的概念，他在这个时期真正感兴趣的，是机器这种全新事物的广泛运用会给现代人带来怎样的文化—心理影响。或者，不妨借用深受尼采影响的哲学人类学家盖伦的书名，来概括尼采的兴趣所在："技术时代的人类心灵"。① 这一节包含着对机器文化的一种有趣而深刻的观察："虽然自身是最高思考力的产物，机器在操纵它的人那里却几乎只使那些等而下之的、无须思考的力量运动起来。" ② 尼采一方面其实极为赞叹现代人在技术上所取得的成就，后来在《曙光》中，他曾以反问的语气质疑一味厚古薄今的历史观："真的吗！古代文化的那些发明家，工具和测量软线、车辆、船只和房屋的最初建造者，天体秩序和乘法口诀的最初观测者，——与我们时代的发明家和观测者相比较，他们真的无与伦比、远为高明吗？" ③ 他以古今技术发明上的对比为例说明，不加区别地厚古薄今实为一种保守主义的文化迷信。现代人在技术发明上所耗用的精神、所取得的成就实在远超古人："偶然曾是最伟大的发现者和发明家，曾慷慨地把创意赠予那些有发明才能的古人；可今天所做出的最微不足道的发明都比过去所有时代耗用了更多的精神、训练和科学想象。" ④ 然而，在另一方面，他非常清楚地看到，现代技术虽然至为精巧，它所带来的文化影响却恰恰是人的降低。尼采的这个判

---

① Arnold Gehlen, *Die Seele im technischen Zeitalter*, Hamburg, 1957.

② 尼采：《人性的，太人性的》(下卷)，李品浩、高天忻译，华东师范大学出版社，2008，第721页。

③④ 《曙光》第36节。KSA3，第44页。

断极为尖锐，可它并未过时，甚至还越发得到了印证。在智能手机的时代，我们对此当有深切体会。“智能”手机（尤其方寸之间的芯片）的研发，确如尼采所说，是“最高思考力的产物”。可这种智能在带来便利的同时，也使得使用者惯于调动“那些等而下之的、无须思考的力量”，亦即屏幕上的点点划划。智能则对绝大多数使用者保持为黑箱，我们所能有的仅仅是抽象的“终端体验”。并且机器越是智能，使用越是便捷，终端体验者也就有着越发愚蠢的危险。对智能手机的依赖也正在改变人类方方面面的习惯，比如我们本以为有了智能手机可以更好地利用碎片时间，可结果是我们的时间愈发被碎片化了。由于通过手机很难阅读长篇文章，渐渐地我们的阅读也碎片化了，我们越来越习惯于短平快的信息和一味娱乐化的表现形式。再者，通过智能手机，我们固然可以更加高效地联结社交和工作网络，可也因此而被更高程度地联结于社交和工作网络，被各种事务所占用。依此推理，人工智能的时代难道不也会是一个人工愚蠢的时代吗？大约没有人会低估技术发展所带来的社会效益，如生产力的发展。可生产力的发展并不会自动带来人的提高：“它在此过程中发动了大量否则始终在沉睡的力量，这是事实。但是，它并不给人动力去向上攀登，去做得更出色，去成为艺术家。”① 而是会带来人的愈发忙碌、愈发空洞和愈发无

① 尼采：《人性的，太人性的》(下卷)，李品浩、高天忻译，华东师范大学出版社，2008，第 721 页。

聊："它使人忙碌，使人单调，长此以往，便产生一个反作用，便导致心灵陷入绝望的无聊。通过机器，心灵学会了如饥似渴地追求形式多变的懒散。"① 尼采仿佛看到了娱乐工业必定会成为"机器文化"的一个有机组成部分。我们也仿佛在此看到了尼采后来对"末人"的描绘。抖音快手们提供的海量短视频正在不断验证这种判断。尼采似乎在提醒我们，要警惕人工智能可能带来的人工愚蠢和人工无聊。

沿此思路，我们再来看一则题为"机器在何种程度上贬低人"的格言（第 288 节）："机器是非人性的，它剥夺了人们对一项劳动的骄傲，取消了这项劳动充满个性的优点或缺点——这正是任何非机器作业的劳动难以摆脱的特征——，即剥夺了这项劳动所具有的那一点儿人性。"② 尼采的这段话令人联想起马克思的异化劳动分析。只不过，马克思着眼的是自由市场和私有财产条件下，劳动从人类的类本质的实现，异化成了单纯的谋生手段："这种劳动不是满足一种需要，而只是满足劳动以外的那些需要的一种手段。"③ 尼采并不像黑格尔和马克思那样把劳动本身视为现实的辩证法或类本质的实现。在早期遗稿《希腊城邦》中，他甚至举希腊人的"劳动可耻"的观念来反驳现代人"劳动

① 尼采：《人性的，太人性的》（下卷），李品浩、高天忻译，华东师范大学出版社，2008，第 721 页。

② 同上，第 754 页。

③ 马克思：《1844 年经济学哲学手稿》，人民出版社，2000，第 55 页。

光荣”的提法。尼采说，在希腊人看来，劳动无非出于生存欲望的逼迫，只有摆脱了这种逼迫，人才有自由可言。[①]可即便如此，尼采在此仍然在劳动中看到了人性的光芒，因为这当中体现了个人的能力，也蕴含着一种古老的职业骄傲：“以前，一切向手艺人购买物品的过程，就是表彰某些个人的过程，大家被这些个人的独特标志包围着：家居用品和衣着服饰因此变成了互相尊重和荣辱与共的象征。”[②]然而，机器时代却会给这种人格属性带来巨大的威胁：“与之相反，我们今天仿佛生活在匿名和非人性的奴役中——何苦以昂贵的代价换取劳动的轻松！”[③]与220节在智能中辩证地看到了愚蠢一样，尼采在288节同样辩证地在“轻松”中看到了“劳动的非人格化”和“劳动者的匿名化”。我们时代的机械化、自动化程度显然绝非尼采那时所能比拟，即便我们不像尼采看得那么悲观，可也得承认这种“非人格化”和“匿名化”的危险确实在加剧。黑格尔在《美学》中谈到英雄时代的时候，曾提出一个发人深思的看法，他说英雄的前提在于人在那个时代尚且具有“整全的个体性”，而这在现代世界是几无可能的，因为：“在现代，每一个人的行动都和旁人有千丝万缕的纠葛和牵连，他就尽可能把

① KSA1，第766页。

②③ 尼采：《人性的，太人性的》(下卷)，李品浩、高天忻译，华东师范大学出版社，2008，第754页。

罪过从自己身上推开。"[1] 于是现代人通常来说断无英雄气可言。现代根本上是一个无英雄的时代，黑格尔之所以敢于如此断言，是因为他看到，每个人在错综复杂的联系中只能保有"一种私人的抽象的独立自足性"。[2] 黑格尔提醒我们，现代社会的基本特征是细密的分工合作，我们都生活在一个高度分化的社会关联中，而这必定带来个人主体性的丧失。黑格尔认为，现代人只有在一个更高的伦理实体（比如他所理解的国家）中才能达到另一种主体性。与此相似，尼采提醒我们，机器替代人力尽管带来生产力的巨大发展和生活上的更多便利，可我们也不能无视人在这个过程中遭受的匿名化或去人格化风险。这种"非人性的奴役"的风险当成为当代技术讨论中不可或缺的伦理和政治维度。

最后，在第 280 节中，尼采讨论了机器生产与大众趣味的共生关系，并且他还在其中观察到了一种因为大众趣味而导致的"市场失灵"的现象："在劳动及销售的竞争中，公众被当作了手艺的评判者。但是公众并无严格的专业知识，只是根据商品的表面品质做出评价。因此，表面的艺术（也许还有品位）在竞争支配之下势必日益上升，而所有产品的

① 黑格尔:《美学》第一卷，朱光潜译，商务印书馆，1997，第 240 页。
② 同上，第 242 页。

质量则势必每况愈下。”[①] 这就是经济学中所谓“劣币驱逐良币”的现象。尼采说，只有保持手工性并让专家来评判才能有效解决这种市场失灵，而机器生产因为其匿名性、均质化和大规模的特点而只能加剧劣币对良币的驱逐。后来的发展并未沿着尼采设想的道路。机器大生产的步伐无可阻挡，而伴随机器生产的大众趣味和匿名化现象所导致的信息不对称，以及市场失灵问题，是通过品牌以及各种行业协会的专业认证来解决的。尽管如此，尼采的这些考虑仍有惊人之处，其中蕴含着二十世纪才得到系统发展的信息经济学思想。

有关“机器时代”的诸种前提，尼采在《漫游者及其影子》以及后来的格言集中还有许多观察。[②] 大体来说，尼采对现代技术的考察独具一格，既不像黑格尔的市民社会分析和马克思的资本分析那样侧重于经济—政治维度，也不像海德格尔的存在历史叙事那样挖掘技术的形而上学根基。尼采的考察毋宁着眼于现代技术的社会文化和心理之维，即便涉及经济维度，其落脚点仍然是在文化和心理层面。在这个意义上，承接尼采式技术思考的是像阿诺德·盖伦这样的哲学

① 尼采：《人性的，太人性的》（下卷），李品浩、高天忻译，华东师范大学出版社，2008，第747页。

② 另一个值得注意的方面，是尼采对机器的隐喻性谈论：如《人性的，太人性的》（上卷）第261、458节，尤其是第585节；《漫游者及其影子》第33节、185节、218节，第33节尤其延续了现代早期哲学中“身体之为机器”的隐喻。

人类学家，尤其是盖伦对“技术时代的人类心灵”的考察，颇得尼采要旨。再比如法兰克福学派的技术批判，从思想谱系来说不是单方面的尼采要素，而是对马克思、尼采和弗洛伊德的综合，不过就其侧重于文化批判而言，也是尼采的精神后裔。

四、超人类主义与尼采的超人

从上文的分析可以看出，尼采虽然高度评价现代技术在智识上的成就，可他对于现代技术的社会文化和社会心理后果却持有一种相当悲观、也相当具有批判性的看法。他后期那种积极奋进的、大破大立的哲学并不是基于一种技术乐观主义的期盼，这不待多言。出人意料的是，随着当代技术的突破性发展而兴起的“超人类主义”思潮却将尼采的超人思想与一种史无前例的技术乐观主义结合了起来。

如果说此前对机器时代的讨论更多关乎人工智能的话，那么所谓“超人类主义”则更多地关乎生命科学及其相关的技术前景，只是在这种前景中，人工智能也将服务于人类的生命改造计划。诚如波特（Allen Porter）所言，超人类主义（transhumanism）已然不只是“一种智识运动”，而且也是一场“社会—政治运动”，这种运动关乎“一系列生命伦理问题”，特别是关乎“用技术手段来从根本上改造人类机体（human organism）”：“超人类主义的核心是鼓励使用各类生物转化技术（biotransformative technologies）来‘增强’人类机体，其终极目标是通过彻底改造人类机体来‘超越人类的根本缺陷’，由此超越‘人’本身。换言之，用超人类主义者的术语来说，他们的根本目标是要成为‘后人类’。”① 也就是说，超人类主义所主张的其实就是一种族类的自我改造和自我提升，可这种自我提升同时意味着一种自我毁灭，因为改造的目标是形成一个具有诸种“超级能力”的新物种，其中之一便是波斯特洛姆所谓的“超级智能”：“衡量超级智能与人类智能的差距时，不能认为两者的智能差距相当于科学天才与普通人的差距，而可以大概认为，其差距相当于普通人与甲虫或蠕虫的智能差距。”② 正是这样一种演化论序列中的人类的自我超越的主张，令人不由地想起尼采。这是自然史的奇点，自视为生物链顶端、万物之冠的人类迫不及待地要超越自然本身无目的的演化，转而有组织有计划地凭借人类自身的技术能力实现人的自我超越、自我演化。

不过，在超人类主义阵营内部，人们对尼采的看法并不一致。牛津大学哲学系教授、人类未来研究所所长波斯特洛姆（Nick Bostrom）是这个领域的代表人物。他在《超人类主义思想史》这篇长文中从自己的角度简要梳理了超人类主义的各种思想来源。在提到尼采的时候，他说两者之间只有

---

① Allen Porter, *Bioethics and Transhumanism*, 2017, in: Journal of Medicine and Philosophy, Vol.42: 237—238.

② 尼克·波斯特洛姆:《超级智能》，张体伟、张玉清译，中信出版社，2015，第 113 页。

“一些表面上的相似”，令人颇为惊讶的是，他认为，堪称超人类主义重要思想来源的，与其说是德国人尼采，不如说是同时代英国的自由主义和功利主义思想家密尔（John Stuart Mill）。[①] 他之所以作此判断，是因为他认为超人类主义的精神实质其实源于启蒙运动的人本主义：“有着启蒙运动的根基，强调个体自由，对所有人（以及其他有情众生）的福利有着人本主义的关怀。”[②] 波斯特洛姆自称启蒙遗产的继承人，断言“超人类主义植根于理性人本主义”。于是，看似极为疯狂的人类自我改造的设想却认启蒙理性主义为自己的思想来源，而试图超越自然边界、完成种类自我扬弃的超人类主义者在骨子里认同的却又是人本主义价值。这是一幅颇为奇诡的思想图景。

了解这一点之后，我们就不难理解，波斯特洛姆会说他和尼采之间只有表面上的相似了。提到人本主义和功利主义，我们就不难想象，尼采如果在世，会如何回应波斯特洛姆的超人类主义。他会说，这种超人类主义只有超人的外表，内里其实信奉着末人的价值。于是，所谓“超人类主义”超越的并非“人类（中心）主义”或“人本主义”，而

---

① Nick Bostrom, *A History of Transhumanist Thought*, Originally published in Journal of Evolution and Technology-Vol.14 Issue 1-April 2005; reprinted (in its present slightly edited form) in Academic Writing Across the Disciplines, eds. Michael Rectenwald & Lisa Carl (New York: Pearson Longman, 2011), pp. 4—5.

② Id. p. 4.

是超越了传统人本主义实现其目标的手段。如另一位超人类主义者摩尔（M. More）所言："人本主义倾向于全然依赖教育和文化上的精益求精来改进人类本性，而超人类主义者们则想要运用技术来超越我们的生物学和基因遗传所带来的局限。"[①] 超人类主义在这个意义上乃是超人本主义，可它所超越的只是人本主义的手段，即从教育和文化手段上升为技术手段。在现代人本主义失败的地方，超人类主义或超人本主义要凭借当代技术手段继续前进，而其目标竟然是改造人性。所以，超人本主义的奇诡之处某种意义上正是现代人本主义本身的奇诡之处，这种人本主义并没有真的满足于人类本性的自然地基，而是要改造人以符合自己的"人的观念"。可恰恰这种"人的观念"在尼采看来是平庸至极的末人价值的体现。在《乌托邦来信》中，波斯特洛姆假借未来人的口气给"亲爱的人类"写信，这篇以乌托邦文学为外壳的超人类主义文本所描绘的未来理想，无非是具有超级能力的超人类存在者的至福状态。其中关于痛苦的谈论集中体现了这种超人类理想的末人性质："然而，痛苦的根源却深深地埋在你的大脑里。把它们清除掉，用幸福作物代替，需要先进的技能和仪器来培育你的神经元土壤。注意，因为问题很复杂！所有的情绪都有一个功能。要小心修剪和清

① More, *The Philosophy of Transhumanism*, 2013, p. 4.（In *The Transhumanist Reader: Classical and Contemporary Essays on the Science, Technology, and Philosophy of the Human Future*, eds. M. More and N. Vita-More, 3–17. Hoboken, NJ: John Wiley & Sons, Inc.）

除，以免你不小心降低了自己生育情节的能力。”[1] 波斯特洛姆正确地否认了其超人类主义与尼采的超人思想之间的实质关联，可他大约根本没有想到，自己的超人类理想如此接近尼采笔下的查拉图斯特拉所嘲讽的“末人”。在波斯特洛姆的“未来人”口中我们仿佛听到了末人的呼喊：“我们发明了幸福。”[2] 我们难道可以发明幸福吗？“发明”一说正是尼采对于这种末人理想的准确刻画和尖锐批判：“偶尔吃一点点毒药；这将给人带来适意的梦。最后吃大量毒药，就会导致一种适意的死亡。人们还在工作，因为工作是一种消遣。但人们要设法做到这种消遣不至于伤人。”[3] 正是借助现代技术并小心翼翼地酌量调配主观感受，否认痛苦对于人类的意义并将其尽可能地从大脑中清除，末人才能发明幸福，末人正是借助技术手段来实现自身的现代人本主义，或超人类主义。

与英国人波斯特洛姆不同，德国人索格纳（Stefan Lorenz Sorgner）坚持主张尼采对于超人类主义思想的根本重要性。在《尼采、超人和超人类主义》一文中，他首先着力指出尼采与超人类主义的根本一致：（1）和波斯特洛姆一样，尼采持有一种变动的世界观，无论是在存在论上还是在

---

① Nick Bostrom，*Letter from Utopia*，p. 5.［First version circa 2006; subsequently published in Studies in Ethics，Law，and Technology（2008）：Vol. 2，No. 1：pp. 1—7.］

②③ 尼采：《查拉图斯特拉如是说》，孙周兴译，上海人民出版社，2009，第 13 页。

价值观上，两者都反对一种对于自然或本性的固定不变的看法，都持有一种彻底的历史主义。两者的差别仅仅在于程度不同，尼采并没有像波斯特洛姆那样乐观地以为人类很快就能实现自我超越，演化毋宁是一个曲折而漫长的过程。（2）和波斯特洛姆一样，尼采也致力于人类的“增强”。只不过，和波斯特洛姆着重依赖现代技术不同，尼采主要依赖的是传统的文化和教育手段。但是，索格纳强调，尼采肯定科学以及科学对于未来的根本意义，所以即便他没有主张人对自身的技术改造，他也不会拒绝技术手段。言外之意，如果生活在今天，那么尼采也会是一个超人类主义者。（3）超人类主义实为新时代的优生学，只不过超人类主义所主张的并非纳粹式集体主义优生学，而是自由主义的优生学和自主优生学。自由主义的优生学是让父母根据自己的喜好和判断来选择孩子的基因，而自主优生学则是自己为自己做选择。有关于此，索格纳根据尼采的高等人和超人概念的区分做了较为细致地辨别。大体来说，高等人仍然是人，不过，高等人构成了超人的预备。在这个意义上，他说更接近尼采的不是波斯特洛姆，而是美国超人类主义者埃斯凡迪亚里（F.M. Esfandiary）。因为波斯特洛姆所主张的主要是一种个体选择的优生学，即“自主优生学”，而埃斯凡迪亚里区分超人类（transhuman）和后人类（posthuman），超人类只是后人类的预备，并且只有经过这种群体性预备才能通往后人类。[①]

总体来说，索格纳认为，超人类主义和尼采思想在根本上是一致的，只不过波斯特洛姆没有认识到这种一致性。索格纳进而主张通过尼采的超人思想来弥补或提升“超人类主义”的价值维度，因为他认为尼采的超人思想具有一种尘世救赎和意义赋予的意味，而这恰是超人类主义所缺失的。有趣的是，他的这一主张在相当程度上印证了我们在上文中对于波斯特洛姆的末人批判。[②] 而这反过来也可以用于批判索格纳自己。尼采确实主张人类的增强，可何谓“增强”？索格纳没有从根本上理解尼采的超人思想，所以他虽然指出了超人的“意义”之维，可对于意义究竟何在仍然语焉不详。恰恰这种意义会瓦解超人类主义的根本主张，因为尼采的超人要超越的是人类对于大地的怨恨，亦即对自身之有限性和自然之偶然、命运之无序的怨恨。查拉图斯特拉下山之后在市场上做的第一次演说，确实给人一种演化论的自然史图景，这给人一种印象，仿佛尼采是一位改头换面的达尔文主义者或拉马克主义者。可我们要注意的

---

① Stefan Lorenz Sorgner, *Nietzsche, the Overhuman, and Transhumanism*, in: Journal of Evolution and Technology, Vol. 20 Issue 1, March 2009, pp. 29—42.

② 已有超人类主义的反对者指出其理想的末人特征，参看 Ciano Aydin, *The Posthuman as Hollow Idol: A Nietzschean Critique of Human Enhancement*, 2017, in: Journal of Medicine and Philosophy, Vol. 42: 304–327。以及 Allen Porter, *Bioethics and Transhumanism*, 2017, in: Journal of Medicine and Philosophy, Vol. 42: 248—249。

是，查拉图斯特拉的市场演说有着就近取譬的修辞特征，他无非是用当时流行于欧洲的达尔文主义来借机说法。他的超人真正要超越的是基督教式的人的自我理解：介于动物和上帝、身体和灵魂、欲望和理性、此岸和彼岸之间的人的定义。也就是说，这里的超越，其要义并不在于演化论上的“前进”，而在于人的自我理解上的、看待世界的概念框架上的自我超越。反观超人类主义及其价值追求，我们可以看出，这种现代人本主义事实上秉承了基督教传统中对于人类身体、其有限性，及其自然根基的怨恨，或用查拉图斯特拉的话来说，即对大地的怨恨。而尼采意义上的增强所指向的是对大地的忠诚、对命运的热爱，其前提恰恰是对怨恨的克服。

于是，看似平庸而无害的末人理想实则充满了怨恨和肆心，并且可能做出极端僭越的行为。总之，超人类主义是我们不可忽视的当代思潮。超人类主义者伊斯特万（Zoltan Istvan）在2014年成立了第一个超人类主义政党，“美国超人类党”，并在2014年底参与创立了“国际超人类党”（TPG）。目前，北美、南美、北亚、南亚、欧洲、中东和非洲都有了各自的超人类组织。① 伊斯特万在2016年参加了美国大选，2020年再度参选，他在竞选网站上宣告：“科学和技术可以解决世界上的一切问题，从历史来看，科技也

---

① Allen Porter, *Bioethics and Transhumanism*, 2017, in: Journal of Medicine and Philosophy, Vol. 42, p. 239.

证明了自己在把世界变得越来越好。”[1] 在可以预见的未来，伊斯特万当选的可能性都是渺茫的，可一种名为“超人类主义”的改造世界的信念在悄然兴起，却是不争的事实。无论如何，这种技术乐观主义的意识形态已然是我们不得不去面对的现实问题，哲学反思在此具有重要意义。后期尼采虽然没有像中期那样考察现代技术对于人类生活的影响，可他的“超人”和“末人”概念却是我们分析和批判超人类主义的至为重要的思想资源。

---

① 参看 https：//zoltan2020.com/about-zoltan/。

第五章　尼采的末人

“后人类”、“超人类主义”是当下技术时代讨论中的热词。与此相关的讨论都令人不由地想起尼采，想起他的超人和末人。如本书前文所言，技术时代的理想恐怕仅有超人的外表，其内里实为末人价值。因此，我们实有必要对尼采的末人做一番简要的解说，以进一步澄清技术时代的生存现实。

一、超人的影子?

提起尼采，我们多会想起“超人”。如果对20世纪思想史做一番热词统计，“超人”无疑位列其中，位置大概还比较靠前。尼采之名初入中国时，无论梁启超、王国维还是鲁迅的绍介，无不着眼于超人。当李石岑于1931年发表尼采专著，仍题为《超人哲学浅说》。他在“绪言”中所申明的立意颇能总结那个时代的尼采论述何以着重于超人：“尼采做超人哲学的意思，是为的全人类太萎靡，太廉价，太尚空想，太贪安逸；我愿介绍超人哲学的意思，是为的全中国民族太萎靡，太廉价，太尚空想，太贪安逸。”[1] 这是继续鲁迅的思路，用尼采的超人作锤子来改造国民性，这个思路也是“尼采在中国”起初的主线。甚至，章太炎提倡佛学，提倡一种“依自不依他”的“自信”和大无畏精神的时候，也会补充一句：“尼采所谓超人，庶几相近。”[2] 相比之下，“末人”就冷清了许多。及至如今，以“末人”为题的研究无论在国内外都颇为罕见。不过，提起超人总不免要谈一下“末人”，谈一下李石岑所谓“太萎靡”、“太安逸”的人类。“末人”仿佛只是超人的影子。

可事实上，情形也许是颠倒过来的，至少“末人”问题远比初看上去要来得重要。尼采笔下的查拉图斯特拉为何急匆匆地下山宣讲超人？因为他相信人类需要他的超人教义，上帝死了，摆在人类面前只有两条道路，要么超人，要么末人。在宣讲超人失败之后，他转而描绘末人，希望唤起人类对于末人状况的厌恶和鄙视，从而间接激发他们对于超人教义的理解和需要。查氏仍然没有成功，可尼采由此成功地提出了末人问题。一方面，尼采的描绘令人寻思，位于查氏的“人类之爱”背后的、推动他急切下山的或许正是他对于末人的厌恶？另一方面，超人终究给人渺远不可及的感觉，而

① 《尼采在中国》，郜元宝编，上海三联书店，2001，第 142 页。
② 《章太炎全集》第四卷，上海人民出版社，1985，第 375 页。

末人却是对于当下人类生存的卓越描绘，辛辣而准确，触动了众多后世思想者的神经。从斯宾格勒的《西方的没落》到雅斯贝尔斯的《时代的精神状况》，从海德格尔的《存在与时间》中的“常人”到安德斯的《过时的人》，我们都能遇见末人的影子。总体来说，追随超人者少，批判末人者众。甚至，那少数的超人信徒也仍然出于他们对末人的厌恶和藐视才寄希望于超人。比如，鲁迅在《热风》中说：“尼采式超人，虽然太觉渺茫，但就世界现有人种的事实看来，却可以确信将来总有尤为高尚尤近圆满的人类出现。到那时候，类人猿上面，怕要添出‘类猿人’这一个名词。”①

尼采离世已经120余年，超人愈发渺茫，而末人愈加现实。因此，我们不妨模仿查拉图斯特拉，把话题从超人转向末人。

二、末人本义

不过，要理解末人，首先仍要从超人开始说起。如前所述，查氏肩负使命急匆匆下山，来到森林边的城市。许多民众正聚集在市场上，等着看走绳表演。他向人群说的第一句话是：“我来教你们超人。”②查氏看到，“上帝死了”是时代的根本问题，这个问题涉及人类全部的自我理解和世界解

---

① 《尼采在中国》，郜元宝编，上海三联书店，2001，第28页。

② 尼采：《查拉图斯特拉如是说》，孙周兴译，商务印书馆，2017，第9页。译文略有调整。

释。仅就人的自我理解而言，作为理性的动物，人位于纯自然的动物和超自然的上帝之间。上帝之死意味着人类自我理解的坐标的消失，也意味着人类生存的超越方向的隐匿。上帝之死乃是人类的意义危机。

被定义为“动物和上帝之间”的人类的时代已经过去，以往所谓“人类”当被超越。查氏的教义是一个新方向的指引，并通过方向的指引实现坐标的重新勘定：人类的位置不是静态地处于动物和上帝之间，而是动态地或历史性地从动物到超人的演进。因此，超人（Übermensch）首先开启了一种新的无限性（查氏将之喻为“大海”），这种无限性位于历史之将来，具有某种末世论的救赎色彩。[①] 其次，将自身置于“动物—人—超人”这一理解框架的人已经超出了以往人类的自我理解，查氏由此得出了一种哲学人类学的观点：“人身上伟大的东西正在于他是一座桥梁而非目的：人身上可爱的东西正在于他是一种过渡和一种没落。”[②] 人的“伟大”和“可爱”都在于他身上的否定性要素，他总要超出自身，在自我超越中自我实现。超人学说因此把自我超越视为人性的核心要素，并且教导一种新的自我献祭：“我爱那人，他证明未来者的正当性并救赎过去者，因为他意愿毁灭于当

① 超人的这层含义要结合权力意志和永恒轮回来理解，个中道理颇为复杂，暂不细论。有兴趣的读者请参看余明锋：《苏鲁支语录的音乐结构》，载《宗教与哲学》第九辑，2021。

② 尼采：《查拉图斯特拉如是说》，孙周兴译，商务印书馆，2017，第 13 页。

前者。”[①] 仅仅求自我保存和自我满足因此都是人的堕落。超人学说在这个意义上既总结又取代了以往的宗教信仰和德性学说，道出了人性的秘密。以自我否定为存在方式的人类生命因此必定是痛苦的，必定要承受痛苦，逃避痛苦也就阻断了自我超越的可能。于是，真正的问题不在于痛苦，而在于痛苦丧失了意义。

查氏的教导极为严肃，却显得极为突兀，因为人群根本没有像他那样把上帝之死看得那么严重。查氏错估了形势，他以为众人在等待救赎，可其实众人只是一味娱乐，乃至于他的宣教本身也成了娱乐的对象。他所来到的是一个“娱乐至死”的世界。查氏发现民众完全不理解自己的超人学说，可他并未放弃宣讲，而只是改变了宣讲策略。既然鼓舞超越无法打开民众的耳朵，就转而宣讲“最轻蔑者”，来刺激他们，希望从相反的方向打开他们的耳朵。阻碍民众打开耳朵的是他们的“教养”，也就是既成的价值观，查氏要通过末人批判揭示这种以“满足”为特征的“福利社会”价值观的虚无和丑陋。他的语调这时也从庄严的悲剧转向了戏谑的喜剧，可其中同样蕴含深刻的时代诊断。

末人不再渴望伟大，而是追求安逸。因此，末人极精明，甚至在末人眼中，“从前人人都是发疯的”，至于活得那么累吗？太傻了！“什么是爱？什么是创造？什么是渴望？

① 尼采:《查拉图斯特拉如是说》，孙周兴译，商务印书馆，2017，第15页。

什么是星辰?”一切让人超出自身的追求都是危险的，都会带来痛苦，末人悟透了这一点。于是末人只求安逸。末人最重视健康和快乐，他也仍有目标，不过，他的目标最为务实。可终归还有不快和死亡，怎么办呢?“偶尔来点药，这将带来安逸的梦。最后多来一点，这将带来一种安逸的死。”[①] 这仿佛是对安眠药和安乐死的预言了。人世中带来痛苦的，除了生老病死之外，还有工作、财富和权力。末人要设法让工作成为消遣，而财富和权力都要尽可能平等，从而避免纷争，也避免激起超越的欲望。从查氏的眼光来看，所谓末人即失去了超越性的人，无能于自我献祭和自我超越因而愈发渺小的人。可从末人的自我理解来看，只要剪除一切超出自身的渴望，就能摆脱生活中一切不必要的苦难，所以，末人的口头禅是“我们发明了幸福”。之所以是发明而非发现，正因为这并非人性自然的境况，而是要靠着末人的聪明和各种技术手段才能实现的生活理想。

极有讽刺意味的是，当查氏讲完他所鄙视的末人，民众喊道：“给我们末人吧，查拉图斯特拉，让我们成为末人!我们就把超人送给你。”[②] 查氏意欲通过超人学说重新为痛苦赋予意义，可谁还要痛苦呢?可见，所谓“末人”是和“超人”截然对立的理想类型，是一种相反的价值观。超人要肯

---

① 尼采:《查拉图斯特拉如是说》，孙周兴译，商务印书馆，2017，第 18 页。

② 同上，第 19 页。

定痛苦的意义，追求自我超出，向往伟大。而末人否认痛苦的意义，追求痛苦的降低，向往安逸。众人之所以听不进超人的福音，不是因为上帝还活着，而是因为他们并不苦于上帝之死和痛苦之无意义。他们调转了方向，不再追问痛苦的意义，而是追求痛苦的降低。如果说还有什么是有意义的话，那就是减少乃至消除痛苦。问题不在于痛苦无意义，而在于有无痛苦。

所以，末人（der letzte Mensch）是和“超人”相对应的、具有严格界定的概念。末人之“末”在于他不再超出自身。在写作《查拉图斯特拉如是说》之前，尼采也在通常意义上使用这个说法。他曾在笔记中多次设想世界末日，而“末人”正是那端坐在地球荒漠上的最后一人。“末人”的严格的概念用法显然是另外的意思，不是实指“最后的人”，而是指一种放弃自我超越、一味求安逸因而落入最终形态的生活方式和人格类型。在查氏眼中，末人是渺小以至于可鄙、虚无以至于可怜的；可在众人眼中，末人甚至还闪烁着理想的色彩，末人是一种“反理想的理想”。

三、末人时代

尼采所提的末人问题，影响极大，甚至可谓后世西方思想家的心病。他们大多同查拉图斯特拉一样鄙视末人，可又惊恐地看到末人时代的来临。比如，韦伯在《新教伦理与资本主义精神》的最后断言：“无论如何，对于这一文化发展的‘末人们’而言，这句话或将成为真理：‘专家没有精神，享乐者没有心灵：这些空无者还妄以为自己登上了人类前所未至的新高度。’”[1] 韦伯的用法结合了尼采的末人本义和通常义，在他看来，末人既是没有精神的专家和没有心灵的享乐者这样一种虚无而不求意义的类型，又是西方文化的结局。

另一位心怀末人问题的思想家是施特劳斯（Leo Strauss），末人问题在他与科耶夫的通信中占据要害位置。福山（Francis Fukuyama）正从施特劳斯和科耶夫的争论中汲取关键灵感，写成《历史的终结及最后之人》（The End of History and the Last Man）。从本文的视角看，福山对末人问题的讨论殊为有趣（这本书的第五卷题为“最后之人”或“末人”，是对这个问题的集中讨论），一方面，他延续施特劳斯和科耶夫的眼光，把末人放到了西方政治思想史中来考察；另一方面，他其实大方地承认，西方的自由民主制度就是一种末人政治，可是他并不像韦伯和施特劳斯那样忧心人类的意义危机，他要为末人时代辩护。我们因此可以藉着福山大大拓展尼采的论题，通过末人问题来做一种时代分析。

在福山看来，末人问题其实是 thymos［血气、激情］问题，这是他从施特劳斯和科耶夫的通信中所获得的一个关键看法。我们知道，柏拉图把人类灵魂三分为欲望、血气和

① Max Weber, *Gesammelte Aufsätze zur Religionssoziologie I*, Tübingen, S.204.

理性。其中血气这个中间部分可以听命于理性来统治欲望，可血气也能因为争强好胜而引起纷争，总之血气是三者中最具有政治性的部分。血气求伟大，敢于斗争，为荣誉而不惜冒生命的风险。尼采尤为重视这个争强好胜的人性要素，因为在他看来，不仅政治伟业，并且人类在精神领域的一切伟大事业，皆离不开血气。而现代西方的价值和政制正要拿掉这个部分，要养成“霍布斯和洛克式平庸个体”，这种个体只有“欲望和理性”，是精于计算、善于满足欲望的人。福山没有点明，我们还可以补充说，这时的理性已经不是柏拉图意义上的洞察存在之真理的理性，而是为欲望服务的工具理性。福山把尼采的末人解释成了“民主人”和“经济人”。此外，福山的末人还是“知识人”：“生活在历史起点的奴隶在血腥的战争中之所以不敢冒生命危险，是因为他们有一种本能的胆怯。生活在历史终点的末人则是懂得太多，以至于不会拿生命去为了什么而冒险，因为他认识到，历史充满了毫无意义的战争……驱使人做出拼死的勇敢行为和牺牲行为的那种忠诚，在此后的历史中被证明为只是一种愚昧的偏见。受过现代教育的人满足于闲坐在家中，为自己的心胸豁达和务实作风而感庆幸。”[①] 总之，末人的词典里其实没有崇高和牺牲，他们宽容而无聊，平庸但是安全。在福山看来，末人正是现代性的终极追求。

---

① 福山：《历史的终结及最后之人》，黄胜强、许铭原译，中国社会科学出版社，2003，第347页。译文有改动。

不过，福山并不认为，末人就因此陷入彻底无意义的状态。首先，他区分了“优越意识”（megalothymia）和“平等意识”（isothymia）这两种血气。他认同科耶夫的黑格尔解释，认为黑格尔其实不同于霍布斯，不是摒弃血气而是转换了血气的形式。在“求平等”或“求认同”的斗争中，现代人同样展现了丰沛的血气，只不过这种血气的目的在于终极的和平。换言之，“求平等”亦有伟大的时刻，可“求平等”之为“求伟大”，类似“战斗的无神论”亦具有福音性或宗教性，其目的仍在于消灭后者。因此，福山要避免尼采对于末人的指控，就还得在现代世界寻找“求伟大”的踪迹。于是，他尽管承认“求伟大”被逐出了现代世界的根基，可同时也强调，在企业家精神、在政治竞选和各式艺体竞赛中，仍有“求伟大”的表现。总之，无论是在为承认而斗争的“平等意识”中，还是在“优越意识”的各种现代表现中，血气并未消失，而是被驯化了。

四、末人的未来

然而，历史并未终结。如尼采所言，人终究是“未被定型的动物”。血气的驯化同样带来巨大的问题，而历史的发展又会激发新的血气。

一向坚持启蒙路线、主张继续现代性规划的德国思想家哈贝马斯，在9·11之后提出后世俗化理论，重新审视宗教话语在现代世界的意义，谋划着要将“文明的冲突”转化为理性商谈，我们不妨将之视为驯化血气的新努力。另一方面，哈贝马斯同样看到血气匮乏给西方世界带来的意义危机和政治团结的危机。他在九十岁高龄出版的1700多页巨著《兼论一种哲学史》，实以“信仰与知识论争为主线”，仍是他构建后世俗化理论的努力。从末人问题的角度来看，哈贝马斯的“后世俗化”理论一方面仍要驯化血气，可另一方面，实际上给血气腾出了更大的空间，而这也是必要的。因为血气关系到自我超越，只有为血气腾出空间，意义问题和团结问题才有某种现实解决。尽管这种解决是不彻底的，可如果超人终归渺茫，那么末人就仍是现实。无论如何，我们看到，尼采的末人不只是查拉图斯特拉的嘲讽，而且是我们分析现代世界的重要入手点。至于我们如何面对末人的现实和未来，从韦伯到哈贝马斯再到福山，现代性思想家们已经展示了丰富的光谱。而尼采笔下的超人也是其中的一道光线。

第六章　绩效社会的暴力与自由

——评韩炳哲的绩效社会论

尼采的末人概念为技术时代的病理学诊断提供了一个关键切入口。可末人也与时俱进，也会随着当代技术的发展而发生重要的变形，隐含其中的问题会通过这种变形而愈益彰显。因此我们要延续尼采的眼光，考察当下社会的生存现实。韩炳哲的绩效社会论，他所着力揭示的当代生存的亢奋和抑郁，为此提供了一个饶有意味的案例。

一、绩效：词语和现实

绩效社会是一个新词，绩效却不然。更准确地说，作为一个哲学概念的“绩效社会”，在汉语世界是近几年才出现的新词；而与此形成鲜明对照的是，“绩效”这个词语早就融入日常语言之中，渗入我们对于自身的理解。无论是讲授管理学理论的专家们，还是从事管理实践的企业主，甚至于医院、大学等各式机构的各级管理者，也都把绩效这个词挂在嘴边。绩效或KPI更是精确丈量着每一个“打工人”的日常步伐。

我们已然深处“绩效”的无形支配之中，欲罢不能。而“绩效社会”正是有关于此的一个反思性概念。这个概念的兴起，首先就和我们身处其中的社会现实有关。当下社会，特别是一线城市已然进入了这样一个绩效主宰价值评价、并且绩效主宰的负面效应已然充分显现的阶段。一种过于亢奋的、仿佛无止境的物质追求和过于忧郁的、仿佛无尽头的倦怠感同时在社会中蔓延。“内卷”和“躺平”这两个词语的流行，正是这种亢奋和抑郁之一体两面的表现。我们每一个人都感同身受。

绩效社会概念近几年的兴起乃至于流行，在另一方面，和韩裔德国思想家韩炳哲分不开。韩炳哲1959年出生于首尔，后来前往德国求学。他原本的研究领域是海德格尔哲学，他的思想底色中也一直留有海德格尔的身影。从2012年开始，他任教于柏林艺术大学。近十年来，韩炳哲发表了一系列对当下社会做出诊断的小册子，并因此成名。

韩炳哲的小册子在全球阅读市场上的爆红，这本身也是一种值得关注的社会现象。一方面，他的论述直指当代社会病症，总体来说可谓一种社会病理学考察，尤其是对当代西方社会的病理学考察。不过，在一个已然全球化的时代，他的考察不仅在西欧和北美，而且也在东亚等高度现代化的社会引起了广泛的共鸣。读者们在他的诊断中很大程度上读到了、部分意义上也读懂了自己的生活。另一方面，他的论著篇幅都极为短小，可即便在这短小的篇幅之内，论述也呈现出很强的“片段性”，而这也正符合他所诊断的绩效社会的阅读习惯，满足了这种“浅阅读”、“快阅读”的需要。韩炳哲在这个意义上不但做了诊断，而且还卓有成效地运用了这种诊断。

二、暴力的变形：从规训社会到绩效社会

无论如何，韩炳哲尤其长于以极简的文字作种种社会病理学诊断，而其中最为根本的诊断乃是绩效社会。他对社会、心理、艺术和政治等领域所做出的广泛诊断事实上都围绕着绩效社会这个思想主题。

以思想史的眼光来看，韩炳哲的绩效社会概念是针对福柯的规训社会概念提出来的。他在著作中看似常常批判福柯或受福柯影响的当代理论家（如阿甘本等），可其实他正藉着这种批判才提出了自己的基本观点，才为自己的病理学诊断做了清晰的定位：“福柯的规训社会由监狱、医院、兵营和工厂组成，它无法反映今天的社会。他所描述的社会早就被一个由玻璃办公室塔楼、购物中心、健身中心、瑜伽馆和美容医院组成的社会所取代。21 世纪的社会不是规训社会，而是绩效社会。”[①] 大体上，这是一个阶级斗争和暴力统治

---

① 韩炳哲：《暴力拓扑学》，安尼、马琰译，中信出版集团，2019，第 128 页。

全然让位于福利社会的景象。

绩效社会的概念虽然在很大程度上因为韩炳哲而流行，但是我们必须补充说，这个概念并不是他发明的。事实上，在二战后尤其是冷战后，西方的政治学、社会学和心理学论述中，绩效社会是一个早已有着很多学术讨论的概念。但韩炳哲做了一种哲学上的概念提纯，通过思想史参照系的建立，将之提升为一种有着社会诊断和时代批判意义的历史哲学概念。具体来说，“规训社会是一个否定性的社会”，相应的情态动词是“不允许”（Nicht-Dürfen）和“应当”（Sollen）。① 而绩效社会是一个肯定性的社会或积极社会，一个被激励机制所鼓舞的社会，它所对应的情态动词是“能够”（Können）：“禁令、戒律和法规失去主导地位，取而代之的是种种项目计划、自发行动和内在动机。规训社会尚由否定主导，它的否定性制造出疯人和罪犯。与之相反，绩效社会则生产抑郁症患者和厌世者。”② 然而，一个积极进取的社会为何会批量生产“抑郁症患者和厌世者”呢？

韩炳哲的绩效社会论，最重要的在于强调，从规训到激励的转变并非自由的实现和暴力的消失，而是从他者的否定性暴力到自身的肯定性暴力的转变。也就是说，通常的暴力现象和暴力概念正以否定性和他者性为基本特征（暴力通常是由他者施加的，或者是施加给他者的，并且无论其陈述还

---

①② 韩炳哲：《倦怠社会》，王一力译，中信出版集团，2019，第16页。

是实施通常也都以否定性为特征），而我们所面临的是一种新型暴力，并因其肯定性和自身性而不易被觉察。韩炳哲的绩效社会论因此根本上主张，暴力在当今社会完成了从否定性向肯定性、从他者性向自身性的突转。

相应地，韩炳哲针对福柯的“生命政治”而提出了“精神政治”或“灵魂政治”的概念。“生命政治”的概念之所以要让位于“精神政治”，是因为现代资本主义的生产模式已经发生了决定性的转变：“因为今天的资本主义是由非物质和非肉体的生产模式所确定的。被生产的不是物质的，而是像信息和计划这类非物质的东西，作为生产力的肉体再也不如在生命政治性规训社会里那么重要了。为了提高生产力，所要克服的不再是来自肉体的反抗，而是要去优化精神和脑力的运转程序。优化思想逐渐取代了规训肉体。”[①] 韩炳哲以此又从生产力形态的转变论述了他的绩效社会论。绩效社会不但完成了暴力从否定性向肯定性、从他者性向自身性的突转，而且也完成了从肉身向精神的转变。也因此，《暴力拓扑学》《精神政治学》和《倦怠社会》一起构成了他阐发绩效社会的主要著作。

要言之，暴力并未消失，而是伪装成自由的形态隐蔽地出场。可问题在于，自由何以变成了一种强制？并且甚至是一种比规训更深入、更普遍的强制？首先，“应当”的形态

① 韩炳哲：《精神政治学》，关玉红译，中信出版集团，2019，第33—34页。

是触目的、范围是有限的，而“能够”的形态是积极的，范围则近乎无限。绩效社会的“能够”于是比规训社会的“应当”更让人不加防备，也更加无可防备。其次，在绩效社会的量化考核体系中，这种强迫并且是每个人加给自己的，是一种精神性的自我统治和自我管理，是一种无边的“自裁”和“自我剥削”。我们每个人都成了“自己的企业主”，沉溺于内在而隐匿的自我暴力。于是，绩效社会在一方面风行廉价的“鸡汤”和亢奋的“鸡血”，在另一方面又落入无尽的抑郁。这种普遍的抑郁既是自我压榨之后松懈下来的无力，也是进一步升级自我压榨的无能，还是猛然省悟到无边无意义的绩效追求之后的内在颓丧。“抑郁症和过劳症这些心理疾病表达了自由的深度危机。这些都是今天自由向强制转化的病理性征兆。”① 这种亢奋和抑郁的交织正是我们时代典型的内在性状况。韩炳哲又用“被束缚的普罗米修斯”来形容现代绩效主体：“一只鹫鹰每日啄食他的肝脏，肝脏又不断重新生长，这只恶鹰即是他的另一个自我，不断同自身作战。”② 绩效社会因此也是一个倦怠社会。

三、反思：规训与绩效的交织？

在勾勒了韩炳哲对绩效社会所做的病理学考察之后，我们要指出，他的绩效社会论确实有着切中时弊的洞见，可也

---

① 韩炳哲：《精神政治学》，关玉红译，中信出版集团，2019，第 2 页。
② 韩炳哲：《倦怠社会》，王一力译，中信出版集团，2019，第 1 页。

有偏颇之处。我们不能停留于介绍韩炳哲的思想，而是要对他的考察做出批判性考察，接着他的洞见去更为深入地分析我们时代的精神现象。

首先要追问的是，我们真的如韩炳哲所断言的那样告别了“规训社会”吗？从规训社会向绩效社会的范式转换，实际上是从政治主导的范式向经济主导的范式的转变。就此而言，这个断言在相当程度上是成立的，因为我们时代的政治也以经济建设为中心，因为民族国家之间的竞争更多地呈现出科技—资本竞争的形态。可政治并未消失。政治毋宁是人之为人的生存现象，它可以隐匿却并不会消失。当民族国家之间的对抗随着全球化的受阻而愈发尖锐的时候，原本看似消除的对立、原本隐匿的政治又以显赫的姿态回归了。并且这种回归的政治对外不只是贸易的，而且也是划分敌友的；对内不只是绩效导向的，而且仍然是规训的。哪怕发达资本主义的“自由社会”在相当程度上也仍然是“规训社会”。韩炳哲的论断因此有着夸大其词的嫌疑。再比如，韩炳哲对弗洛伊德做了一种历史化解读：“弗洛伊德的无意识概念不是一种超越时间的存在。它是压迫性规训社会的产物，如今我们已经逐渐与之告别。”类似的段落虽然充分彰显了韩炳哲的哲思想象力，可也体现了他过于夸张的断言。[①] 更为公允的说法应该是：21 世纪除了是规训社会，还是绩效社会。

---

① 韩炳哲：《倦怠社会》，王一力译，中信出版集团，2019，第 66 页。

绩效社会是有待分析的新现象。

其次，他异性并未真的消失。在《倦怠社会》中，韩炳哲主张，当代社会的问题不是对他者的排斥，而是他者的消失。所有的他者都丧失了他者性，陷入了自恋型主体的同一性暴力。他由此反驳当代理论家（如意大利思想家埃斯波西托）从免疫学模型出发的社会诊断。他提出，以否定性为特征的免疫学是20世纪的范式，“20世纪是免疫学的时代。”① 而21世纪的范式则是由“过量的‘肯定性’”所导致的各种精神疾病，其中尤以抑郁症为代表：“从病理学角度看，21世纪伊始并非由细菌或病毒而是由神经元主导。”② 规训社会和免疫模式互为表里，相应地，绩效社会也和同一性模式互为表里。用政治学的语言来说，从规训社会到绩效社会是“内政”上的转变，从排他的免疫模式到同一性模式则是“外交”上的新政。然而，与规训社会过时论一样，免疫模式过时论，同样存在夸大其词的嫌疑。“免疫学范式和全球化进程彼此不能相容”的论断恰足以印证这种夸大其词。③ 我们无疑处在一个全球化的时代，可近几年的全球化状况充分说明了“他者”的现实存在。新冠疫情更是表明免疫学模式并未真的过时。当然，与民族国家之间乃至不同的文明体之间的冲突相比，

---

① 韩炳哲：《倦怠社会》，王一力译，中信出版集团，2019，第4页。
② 同上，第3页。
③ 同上，第7页。

当下世界的芸芸众生，除了疫情带来的停顿和禁足，确实更多地生活在“过度生产、超负荷劳作和过量信息导致的肯定性暴力”之下。[①]可否定性暴力并未真的退出历史舞台。

再次，不但绩效社会仍然是规训社会，而且规训社会在很大程度上其实已然显现出绩效社会的要素。生命绩效化的年代并非从21世纪才开始，而是早已来临。19世纪中叶以来的工业流水线已经是全面绩效化的基本隐喻。只不过当下的技术发展，使得这种自我暴力的手段进一步升级。我们不仅能够称量体重，而且能够计算步数；流水线不仅在工厂里，而且通过智能手机被我们随身携带了。从“流水线”到“平台”和“快递”，我们完成了一次绩效社会的升级。现代技术带来的绩效考量的无孔不入，确实使得绩效考量升格为时代的精神特征。并且，这种深入现代灵魂原子内部的绩效考量也使得外部管制在很大程度上可以变得隐匿化和内在化。因此，尽管韩炳哲的论述有着夸大其词的问题，我们仍有必要明确提出绩效社会的概念。

最后，韩炳哲的绩效社会论忽视了传统绩效论的一个重要方面。在战后的政治学、伦理学和福利经济学论述中，绩效首先是一个正义原则。市场导向的社会定然会有财富分配

---

① 韩炳哲：《倦怠社会》，王一力译，中信出版集团，2019，第9页。

的不均，而绩效原则为这种无可避免的不平等现象做了合理化论证。用通俗的话来讲，富人之所以富有，是因为他们有冒险精神、他们有经营和管理的才能，等等。总之，那是他们的绩效。事实上，以身边的现实来看，以绩效为评价标准的单位，也仍然被认为是比较公平的，至少是让大家都感到无话可说的。这也是我们在深切体察了量化考核的种种弊端之后，仍然不得不奉行之、拥护之的重要原因。然而，作为正义原则的绩效有着诸多前提，其中最为重要的是机会均等原则。如果没有机会均等的保障，那么以绩效来做合理化论证，就是掩人耳目的伎俩了。而如果一个社会没有在大体上落实机会均等的原则，绩效主体又会反过来对“起点”进行残酷的竞争。所谓“不能让孩子输在起跑线上”也就成了绩效社会的另一种景观。当下社会的教育乱象，不正与此颇多关联？反观韩炳哲，他的绩效社会论虽然有着清晰的批判意旨，可因为他一味强调当代历史的断裂性，这就造成了某种严重的偏颇，反而使得这种时髦的社会绩效论丧失了传统绩效论在分配正义问题上所蕴含的批判性。

四、自由的困境：现代性承诺的落空？

在指出韩炳哲的偏颇和夸大的同时，我们仍然要说，即便夸大其词，可他的诊断仍有切中时弊的意义，值得我们严肃对待。而其中尤为值得深入探讨的，是现代性的自由承诺的落空。

我们现代人的历史意识与现代社会的自由承诺分不开，因为正是这种自由的承诺，使得现代自觉地区分于古代并以进步的姿态走向未来，由此打开了现代人的历史意识。这种历史意识集中体现在黑格尔的主奴辩证法当中。停留于主奴区分的主人并不真的自由，从事劳动的奴隶反而抓住了自由的契机，历史也将在人格平等的相互承认中终结。而这种终结也就意味着主人和奴隶的一同消失。福山在冷战结束后看到了这样一幅愿景的实现，他于是提出著名的历史终结论。可我们今天在绩效社会所看到的，一方面是以绩效考核为导向的工作丧失了解放的潜能，另一方面，则是奴隶和奴隶主并未真的消失，而是内化成了我们每一个人。现代的自由理解以成功的自我主宰为模型，可自我主宰在现实中显现为一种自我奴役。于是，在前现代社会仍然大量存在的非奴役状态下的自由，在现代社会反而被大规模地剥夺了。

当然，黑格尔仍然致力于推进现代性的自由承诺，他并没有朝这个方向设想自己的主奴辩证法，这也是他和尼采的重大区别。尼采的“末人说”正是在现代社会的终局看到了普遍的无意义状态，而韩炳哲的绩效社会论进一步断言，这种普遍的无意义状态还是普遍的自我奴役状态。放弃超越性的末人并不如他们自己所以为的那般幸福。如韩炳哲所言：“今天的绩效主体与黑格尔的‘奴隶’的唯一区别在于，前者不需要为主人劳作，而是自愿对自己进行剥削。作为自身的经营者，他既是主人也是奴隶。这个灾难性的统一体是黑格尔的主奴辩证法未能考虑到的。自我剥削的主体和被他人剥削的主体一样没有自由。”[①] 现代的合法性基于一种自由的承诺，而规训社会和绩效社会的论题所揭示的正是这样一种承诺的落空。无论福柯式规训社会，还是韩炳哲所谓的绩效社会，承接的都是韦伯以来的合理化命题和霍克海默、阿多诺的启蒙辩证法的思想。所有这些思想家都在提醒我们，要当心解放本身带来了新的奴役。“如果我们将主奴辩证法理解为自由的历史，那就还不能谈论什么‘历史的终结’。我们离真正的‘自由’还差得很远。今天的我们尚处于一个主奴一体的历史阶段。”[②] 如此说来，我们不再是主人，也不再是奴隶，可也不是真正意义上的自由人，而是“主奴”或“奴主”，是主奴一体的形态，是自由的假象？

无论如何，只有当我们戳破自由的假象，批判现代性过度的自由承诺，才能摆脱现代人的自由和解放的焦虑，摆脱由此而来的新的奴役形态。或许，自由人的普遍承认是一个过于乐观的历史愿景？资本—科学—技术体系之所以能够以进步的名义把个体抽离于习俗秩序，抛入一个加速运转的、自我剥夺的机制，正离不开这样一种普遍自由的虚假承诺。无论如何，我们还要承认人的有限性、生命必然包含的否定

---

① 韩炳哲:《爱欲之死》，王一力译，中信出版集团，2019，第39—40页；译法据德文版有所改动。

② 同上，第40页。

性，和人群无可免除的他异性，并在这样一个人性自然的地基之上重新理解我们的自由，一种在具体生命情境中开展的、容纳丰富生命现象的自由，而非抽象的、还原为资本—科学—技术强力并最终落入无力的自由。

普罗米修斯的束缚与解放

盗火的普罗米修斯是人类之为技术存在者的神话形象，如今普罗米修斯甚至具有了宙斯的面相，在发生无可忽视的政治影响。在这一部分，我们将首先探讨技术时代的政治问题，尝试以技术政治论取代技术—政治二元论。后者是技术工具论的一个变种，仍然落入技术时代的思维陷阱。

技术政治论一方面帮助我们澄清技术时代的政治现象，另一方面也提出了一种非还原论的人性论问题。还原论可谓技术时代的方法原则和运转逻辑。而这样一种还原论的建立首先恰恰出于主体性的追求，体现在笛卡尔式怀疑这一现代性的奠基时刻。为此，我们将在第八和第九章集中考察笛卡尔的思想世界。最后，本书将把技术时代的哲学问题归结为还原论问题，全书的考察最终将指向一种非还原论的思想任务。

第七章　技术时代的政治问题刍议

技术并非我们这个时代特有之物，而是人之为人的生存条件。这是我们在谈论技术时代时必须着重申明的一点。利奥塔甚至说，“技术并不是人类的发明”，“就算是简单的活有机体、纤毛虫、池塘边上小的合成水藻，在几百万光年前，就已经是技术装置了”。[①] 利奥塔此说，是在特定语境下对技术做了泛化的理解。我们通常所谓技术指的无疑是人类有意识的创制，并且这种创制有着人性生存境况上的深刻理由。无论是古希腊的普罗米修斯神话，还是二十世纪的哲学人类学，都强调“本能的贫乏”是人区别于其他动物的基本特征。于是，人类无法安于自然。人天生是一种不安的动物，因此必须得是一种技术的动物。人类既发展了制作技术

① 利奥塔:《非人：漫谈时间》，夏小燕译，西南师范大学出版社，2019，第 19 页。

以安生于自然，又发展了政治技术以安顿人群。

一、技术—政治二元论

严格来说，“政治技术”只是一种类比的说法，政治与技术有不同的问题领域，不可径直混同。[1] 亚里士多德将专属于政治领域的人性能力命名为 phronesis［明智、实践智慧］，并进一步分别说，明智和技艺都以特殊情境下的具体事物为对象，但着眼点不同，明智着眼于人。[2] 有关政治，亚里士多德曾有名言：“人天生是政治的动物。”这句话更准确的译法其实是：“人在本性上是城邦的动物。”放在古希腊的思想语境来看，亚里士多德这个说法其实充满张力，甚至不无悖谬，因为这个说法试图调和“nomos-physis［习俗—自然］之争”。我们知道，这个争论是自然学引起的，

---

① 如下文所述，柏拉图有“政治技艺”的提法。我们在此采用亚里士多德的概念界定，是因为亚氏的分疏有助于问题的澄清。

② 亚里士多德提出 phronesis 概念尤为强调的其实是智慧与明智的区分，以此拉开哲学生活和政治生活的距离：“人们说阿那克萨戈拉和泰勒斯以及像他们那样的人有智慧，而不说他们明智。因为人们看到，这样的人对他们自己的利益全不知晓，而他们知晓的都是一些罕见的、重大的、困难的、超乎常人想象而又没有实际用处的事情，因为他们并不追求对人有益的事务。”(《尼各马可伦理学》1141b3—10）亚里士多德提出 phronesis 意义重大，它是伦理情境中的理性考量，这种理性与沉思自然的理性不同。不是和“物”(自然物或人造物）打交道，而是和“人”打交道。用中国人的话来说，其中所关系到的是人世间的事理和情理。这种“理”绝不像几何学的理那样可以清晰地得到证明，一个人往往需要丰富的人生经验才能体会这个层面的“理”。

并在智术师运动中达至巅峰。自然学事实上导向了对习俗的解构。而亚氏此言无异于说，“人在本性上是需要习俗的动物”。

这个意思其实在柏拉图的对话《普罗泰戈拉》里面已经谈到了，严格来说，是柏拉图笔下的普罗泰戈拉，在其著名的普罗米修斯神话叙述中表达了这层意思。① 只不过，在《普罗泰戈拉》中，这个所谓的人类“本性”或人性“自然”其实还有一个前史。这个前史才是真正意义上的自然史，而我们后来所谓的人类本性，其实是进入文明史阶段之后的“自然 / 本性”。或者我们可以说，自然史在人类身上并且通过人类发生了一个转折。那之前是纯粹的自然史②，而那之后则是文明史，自然史仅仅为之提供背景。一直到我们的时代，文明史似乎要进一步将自然史纳入自身了，自然似乎已经只能是人化的自然，舍弃文明史已经无法理解自然史，这

---

① 有关亚里士多德和柏拉图的差异，以及两者与智术师派的差异，不是本文重点，在此不做详论。简单来说，亚氏根本上位于柏拉图路线，试图为政治赋予伦理维度，这与智术师派的非伦理取向针锋相对。智术师派的非伦理取向其实具有激进的启蒙意味，这是柏拉图在《普罗泰戈拉》中着重处理的问题。不过，柏拉图式政治导向“哲人王”假说，势必带来一切现实政治沦为洞穴，因而具有另一种启蒙意味。亚里士多德进一步修正了柏拉图，为政治生活划出独立于哲学生活的领域。简言之，亚里士多德既为政治保留自身独有的现象领域，又以哲学论说规约政治，试图在政治与哲学之间寻找一条中道。

② 对于智术师普罗泰戈拉来说，希腊诸神显然可以被解释为自然的一部分，因为神话只是他言说哲理的修辞性外壳。

就是所谓的“人类世”(Anthropocene)概念。[1]“人类世”这个地质学概念着眼于生态问题，可离开资本—科学—技术系统，我们无以真正理解当下的生态问题。就此而言，“技术时代”是比“人类世”更为根本的历史哲学概念。不过，借助“人类世”概念，我们可以更清楚地看到，自然概念本身有其历史，自然—习俗二元论在技术时代已经被动摇。仅就我们生存其上的地球而言，自然史视野下的文明史或将被文明史视野下的自然史所取代？即便自然史视野事实上无可取代，“文明史视野下的自然史”这一全新视角，无疑已然有了自身的意义。

在《普罗泰戈拉》的普罗米修斯叙事中，人首先是“技术的动物”，其次才是“政治的动物”，这一点所蕴含的意义，还很少得到深入思考。[2]在《普罗泰戈拉》的叙事中，无论是技术，还是政治，这两种人类特有的、超出于动物状

---

① 有关人类世概念的内涵和缘起，孙周兴教授做了颇为详细的梳理：“‘人类世’概念最早是由地质学家阿列克谢·巴甫洛夫(Aleksei Pavlov)于1922年提出来的，但一直都未得到确认；直到不久前，在2000年《全球变化通讯》的一篇文章里，生态学家尤金·斯托莫尔(Eugene Stoermer)和保罗·克鲁岑(Paul Crutzen)正式提出了这个概念，并且在文章标题中使用了‘人类世’这个术语。美国莱斯特大学的地质学家简·扎拉斯维奇(Jan Zalasiewicz)指出，‘人类世’的最佳边界为20世纪中期(即1945年)，‘全新世’结束，‘人类世’开始。”孙周兴：《人类世的哲学》，商务印书馆，2020，第98页。

② 普罗米修斯叙事有着诸多版本，早在柏拉图在《普罗泰戈拉》中所讲述的版本之前，已有赫西俄德《神谱》和《工作与时日》中的相关段落，还有埃斯库罗斯悲剧《被缚的普罗米修斯》等版本。各版本都有自己的叙事逻辑，侧重点各异，不能简单混同。此不赘述。

态之上的现象，并非源于任何人类超过于动物的精神能力，而是源于“本能的贫乏”，或者用柏拉图的神话语言来说，源于普罗米修斯对于厄庇米修斯的致命疏忽所做的补救。普罗米修斯的补救首先却是不完备的：“由于对替世人找到补救办法束手无策，普罗米修斯就从赫斐斯托斯和雅典娜那里偷来带火的含技艺的智慧送给人做礼物。毕竟，没有火的话，即便拥有［这智慧］，世人也没办法让这到手的东西成为可用的。就这样，人有了活命的智慧，可是，人还没有政治技艺（治邦术），这个［智慧］在宙斯身边。”① 事实上，在这种叙事中，不仅技术和政治，而且我们认为特属于人类的一切都源出于本能的贫乏，并且人首先是技术的动物，其次才是宗教的动物、有逻各斯的动物② 等等，最后才是政治的动物。因为普罗米修斯盗火，成为技术动物之后，“于是，世人分有了属神的命份。首先，由于与这个神沾亲带故，唯有这个世人信奉神们，着手建祭坛和替神们塑像；第二，凭

① 321d—321e，译文参《柏拉图四书》，刘小枫编译，生活·读书·新知三联书店，2015，第 69—70 页。

② 常译为“会说话的动物”或“有语言的动物”，但其实希腊文的字面义是“有逻各斯”。“有逻各斯”不仅会说话，而且意味着能讲理，因此不能完全等同于“会说话”或“有语言”。这个说明有助于更为清晰地划定人与动物之间的界限。动物学家们会指出，某些动物也有语言性交流。可这还不等于“有逻各斯”。另需说明，划界有助于思想上的澄清，便于现象的揭示。虽然这道界限的划定往往意味着人类中心论的形成，可如果我们对于所有的划界保留足够的反思余地，就不会轻易落入任何形式的“中心论”。

靠这门技艺，这个世人很快就发出语音甚至叫出名称，还发明了居所、衣物、鞋子、床被，以及出自大地的食物。”[①]在普罗泰戈拉的叙事中，信仰和语言都建基于“本能的贫乏”和“带火的技艺”。

人类的技艺虽足以果腹，却不足以对抗动物，于是人类开始群居，开始发展战斗的技艺。“可是，一旦群居在一起，他们又相互行不义，因为没有治邦的技艺嘛，结果他们又散掉，逐渐灭了。由于担心我们这个族类会整个儿灭掉，宙斯吩咐赫尔墨斯把羞耻以及正义带给世人，以便既会有城邦秩序又会有结盟的友爱的纽带。”[②]人因此不只是普罗米修斯的造物，而且经由赫尔墨斯的中介[③]而是宙斯的造物。如果缺少政治技艺的约束，普罗米修斯之火将加速人类的毁灭。值得注意的还有，技艺与政治有着不同的分配方式。技艺属于专家，“一个人拥有医术对于多数常人已经足够，其他手艺人也如此”；而“正义和羞耻”则要“让所有人都分有”，宙斯并且下令：“把凡没能力分有羞耻和正义的人当作城邦的祸害杀掉。”[④]政治是人群中的规范维度，这个维度带有必

---

① 322a—322b，译文参《柏拉图四书》，刘小枫编译，生活·读书·新知三联书店，2015，第70—71页。

② 322b—322c，同上，第71—72页。

③ “赫尔墨斯的中介”可理解为“对传统的解释”，诸神之信使Hermes［赫尔墨斯］不但或为后世Hermeneutics［解释学］的希腊词源，而且可谓解释学的古老范例。

④ 322d，译文参《柏拉图四书》，刘小枫编译，生活·读书·新知三联书店，2015，第72页。

然的强制性。即便人是有逻各斯的动物，即便教育和说理在人性世界有着根本的意义，也无法全然取消暴力和惩罚。反过来说，规训和惩罚是一个社会的必然要素，只不过强制性要素可以奠基于人群之理。而技术同样位于人群之理的规范之下。

总结言之，技术不是人性之外的附加，而是自然史意义上的人性之外延，是文明史的开端性要素。这段“人性史”始于“本能的贫乏”（在神话中由厄庇米修斯的疏忽所造成），经过普罗米修斯和宙斯的双重修补而完成。技术和政治由是形成了一种经典的二元论格局，其生存论和人类学意味常遭遗忘，可这种二元论所蕴含的概念方式迄今仍然规定着我们思考技术问题的基本模式。

二、福山的“技术政治论”

当下的技术忧思所能有的一条出路仍然是对科技应用的政治限制。问题在于，如果古今技术概念根本不同，那么技术—政治二元论是否还是思考当下技术问题的恰切范式？如果技术不仅是政治规约的对象，而且反过来提出新的政治议题、改变政治的形态，甚至在相当程度上决定政治本身的路径，如果技术与政治在技术时代已经不能简单作二元区分，那么，我们是否有必要提出一种高度交融的技术政治论来替代技术—政治二元论，才能以恰切的范畴思考当下的问题？

为此，我们不妨选择当代政治学家福山的“技术政治论”，《我们的后人类未来：生物技术革命的后果》，来做一番考察。福山善于捕捉时代的大问题，也尤其敢于发宏大议论。他出版于1992年的成名作《历史的终结及最后之人》备受争议，可着实牵动了时代的神经。福山后来的著作其实始终围绕着自己的"历史终结论"，不断地针对新问题和新挑战为之做辩护和修正，以至于他在维护"历史终结论"的过程中亲自见证了"历史终结论"的终结。尽管如此，福山是一位值得认真对待的"问题中人"。即便"历史终结论"是特属于那个时代（冷战刚刚结束）的浅见乃至谬论，可他由此提出了一个标志性的时代命题，这个命题也推动着他以一贯的眼光跟踪过去三十年的政治现实。政治学家福山之所以要跨学科地去谈"生物技术革命的后果"，就是因为他在其中看到了"历史并未终结"的迹象。用他所接受的一句反驳来说："除非科学终结，否则历史不会终结。"①

不但如此，福山在这本书中提出的关键问题，相当程度上仍然是他在《历史的终结及最后之人》中所触及的尼采式末人问题："为什么赫胥黎以传统方式界定的人类如此重要？"② 奥威尔的《1984》和赫胥黎的《美丽新世界》分别预言了数字技术和生命技术的政治潜能，准确程度可谓惊人。更惊人的是，两部"乌托邦"小说还分别对应着冷战时期的两种政治制度。可福山对两者的政治潜能做了不同的评估，

① 福山：《我们的后人类未来：生物技术革命的后果》，黄立志译，广西师范大学出版社，2017，第1页。

② 同上，第10页。

他所着重的不是奥威尔，而是赫胥黎。因为奥威尔所预言的数字技术与极权政体的结合体，违逆人性，在他的“历史终结论”中事实上已经被宣判为过去时。而赫胥黎所预言的生命技术则正当其时，因为其政治潜能不是直接违逆人性，而是以迎合人性的方式悄然扭曲人性。“与许多其他科学进步不同，生物技术会天衣无缝地将隐蔽的危害混迹于明显的好处中。”① 可问题在于，“我们为什么不能简单地接受人类作为一个物种能不断改变自己的命运安排？”② 当时任职于布什政府生物伦理委员会的福山，在这个问题上，持有“生物保守主义”（bioconservativism）立场。他之所以要写这部书，正是看到了生物技术在瓦解自由民主政治的根基，因而主张生物技术的政治管制。福山是敏感的，他早在 2002 年就已经触及技术时代的政治问题，可他仍然从“技术—政治二元论”出发来写作自己的“技术时代论”，并未从自己敏锐的问题意识引出足够彻底的思考。尽管如此，我们仍然可以通过他的诊断一窥当下技术政治论的问题语境。

三、生命科学的政治潜能与人性论问题

一般而言，自然科学不像历史学那样与政治有着直接的关联。生命科学，尤其遗传学研究，在相当程度上却是一个

---

① 福山：《我们的后人类未来：生物技术革命的后果》，黄立志译，广西师范大学出版社，2017，第 11 页。

② 同上，第 10 页。

例外。如福山所言，在对人类行为特征的解释上，“社会建构论”和“基因决定论”构成了激烈争论的两端。孰是孰非，与背后的政治立场难以完全划清界限。这在当下尤其表现在左派知识分子所主导的西方公共舆论对待遗传学和基因研究的态度上：“在探讨基因对智力、基因对犯罪行为和基因对不同性别影响的议题中，左派分子总是猛烈攻讦，并试图扳倒任何证明遗传对这些行为起作用的证据。一旦谈到同性恋问题，左派分子立场大变：性取向不是一个个人选择或社会影响的问题，它是人一出生就决定了的。”[①] 不难想象，这门科学的背后可能藏有多少政治立场，它的结论又会有多大的政治影响力。

事实上，遗传学的政治潜能自始就伴随着这门学科的发展。遗传学的开创者孟德尔被同时代人忽视，去世之后也被遗忘几十年之久。我们知道孟德尔，要感谢威廉·贝特森（William Bateson）。这位贝特森不但是孟德尔的旗手，遗传学（Genetics）的命名者，而且也是第一位预见到遗传学潜在的社会和政治影响力的人。他就此所说的话几乎是对后来历史的预言：“当遗传学的启蒙教育逐渐完成，遗传规律也得以……广为知晓，那时会发生什么呢？……有一点可

---

① 福山：《我们的后人类未来：生物技术革命的后果》，黄立志译，广西师范大学出版社，2017，第 39 页。左派性少数群体是否都持有这样的遗传学立场，恐怕不无可疑。不过，这不妨碍福山举出其中有典型意味的一派为例。

以确定，人类会对遗传过程进行干预。这也许不会发生在英格兰，但是可能会在某些准备挣脱历史枷锁，并且渴求‘国家效率’的地区中发生……人类对于干预遗传产生的远期后果一无所知，可是这并不会推迟开展相关实验的时间。”①从遗传学到优生学，是其技术潜能的实现，也是其政治意义的彰显。达尔文的表弟弗朗西斯·高尔顿（Francis Galton）是优生学和劣生学概念和理念的提出者。他为人种退化而忧心忡忡，虽然意识到“消极优生学”（将失败者绝育）的道德问题，依然大力推进优生学，希望能将之打造为“国教”。②我们知道，优生学的概念在后来发生了何等骇人听闻的政治影响。可在当时，这是一个激动人心的科学理念和社会改造方案。福山注意到，“近代统计学的发展以及当代社会科学总体的进展，与心理测量技术的进步及一部分极为聪明的方法论学者息息相关，碰巧，这些学者都是种族主义者和优生学的支持者。”③了解遗传学和优生学的历史之后，我们就知道，事实上，一切并非“碰巧”如此。

生命科学的政治潜能不仅表现在基因工程这样的生物技术上面，而且表现在基因研究对于自由意志假定的消解，而这关乎现代人的自由意识。在福山看来，生物技术革命最为

① 悉达多·穆克吉：《基因传》，马向涛译，中信出版社，2018，第57页。
② 同上，第58—74页。
③ 福山：《我们的后人类未来：生物技术革命的后果》，黄立志译，广西师范大学出版社，2017，第29页。

重要的后果是“提出了关于人类尊严意义的重大议题”（第174页），“人类尊严”（human dignity）正是这部书所要捍卫之物。福山写这部书意在为行将到来或者部分地已经到来的新政治，提出核心概念，从而建立理性论辩的基础，并以政治管制的方式阻止生物技术的可能僭越。而这个核心概念也正是“人类尊严”。所以，福山所发起的这场战斗是要依据“人类尊严”保护“人类尊严”，这岂不是陷入了循环论证？① 更严峻的问题在于，自由主义所理解的“人类尊严”是否已经被生命科学所瓦解？一种意图站在资本—科学—技术系统之外的伦理论辩和政治管制是否已经丧失了根基？福山着实有着敏锐的问题意识，可“自由民主辩护士”的立场恐怕使得他低估了危机。自由主义的政治话语并不能简单置身资本—科学—技术系统之外独善其身，并反过来强有力地节制系统。十几年后，赫拉利在畅销书《未来简史》中以更为坚决的语气断言：“21世纪的科学正在破坏自由主义秩序的基础。” ② 对此，赫拉利做了不无戏剧性地描绘：“自由意志与当代科学之间的矛盾，已经成了实验室里的一头大象，

---

① June Carbone, *Toward a More Communitarian Future? Fukuyama as The Fundamentalist Secular Humanist*, in: Michigan Law Review, 2003, Vol. 101, No. 6, p. 1908.

② 赫拉利：《未来简史》，林俊宏译，中信出版社，2017，第253页。有趣的是，福山的书比赫拉利的书整整早了13年，可两本书都在2017年翻译成中文出版。赫拉利这本书的畅销程度远远超过了福山，可我们对照阅读，会发现赫拉利的诸多论题可能就源于福山，但他在立场上比福山更进了一步，得出的结论也更加骇人听闻。

许多人假装专心看着显微镜和功能性磁共振成像扫描仪，而不愿面对这个问题。”① 赫拉利的《未来简史》和福山的《我们后人类的未来》论题相当接近，谈的都是当代技术对于人类生活方式的根本影响，只不过福山着重生物技术，而赫拉利着重人工智能。而更重要的在于，赫拉利以更为激进的目光看到现代科技正在冲击自由民主制度的立论基础：“民主、自由市场和人权这些概念，是否真能在这场洪水中保存下来？”② 赫拉利在此打上了一个大大的问号。

不过，福山仍然比赫拉利想得更加深邃。福山没有简单接受自然主义，他想要捍卫自然权利和人类尊严的观念，以对抗生命科学和功利主义的还原论倾向。福山准确地意识到，这种还原论将会消解“人类尊严”，为可怕的（即反人性的）技术统治开辟道路。他对自然权利论的捍卫并不走康德式义务论的路线。义务论将人类的自由意志设定为一种先验的道德支点，不受任何自然科学的和功利主义的还原论所侵袭，接受康德主义是以伦理和政治抵抗技术和经济的一条捷径。然而，福山认同社群主义者对康德主义的批判，他并没有迷信抽离于人类自然本性的“道德自主权”，而是试图将他所要捍卫的“人类尊严”和人权奠基于他所理解的“人性”。

然而，颇为出人意料的是，福山对“人性”的定义似

① 赫拉利：《未来简史》，林俊宏译，中信出版社，2017，第253页。
② 同上，第274页。

乎又绕回了自然主义的圆圈："人类本性是人类作为一个物种典型的行为与特征的总和，它起源于基因而不是环境因素。"① 福山看似采取了基因决定论，实则在环境影响、社会建构和基因决定之间采取了一个折中立场。这当中的关键首先在于他从统计学角度采取的"典型"概念，"典型"是变化中不变的要素。以身高为例，"任何一个给定群体的实际中位数很大程度上是由环境所决定的；但整体差异存在的幅度，以及男女身高的平均差异，它们是遗传的产物，因而是由本性所决定的。"② 换言之，人性的表现各异，受环境和文化的影响；可无论如何表现，天性都是那个使之成为可能的自然基础，并且先在地限定了变化的范围。可基因本身还只是提供了人性表现的自然基础，福山的人性论更蕴含着一种"层级存在论"的思想："在人类进化过程的某个节点，确实发生了一些非常重要的本质性跳跃，如果不是本体性跳跃的话。正是由于这一从部分到整体的跳跃，最终形成了人的尊严的基石。"③ 所以，哪怕"黑猩猩与人类的基因组相似度高达98%"，可只要没有完成这一"本质性跳跃"，就没有打开一个人性的世界。福山进而用"X因子"来指代这个人性世界当中的人性要素。在"基因基础论"和"本质跳跃

① 福山：《我们的后人类未来：生物技术革命的后果》，黄立志译，广西师范大学出版社，2017，第131页。

② 同上，第133页。

③ 同上，第171页。

论”之外，福山人性论的第三个要素是“人性整体论”：“X因子不能够被还原成为拥有道德选择、理性、语言、社交能力、感觉、情感、意识，或任何被提出当作人的尊严之基石的其他特质……所有的这些形成‘人之尊严’的重要特质都不能脱离彼此而单独存在。比如，人类理性，与计算机理性完全不同；它浸润着人类情绪，其运作机理也事实上由情绪在推动。”①从这样一种“人性整体论”出发，福山就能从理论上反驳一切可能僭越的基因改造。即便个体父母自由选择的基因改造，也都在理论上被驳斥了。因为人性和生态环境一样，是一个整体，改造某些看起来有害的要素可能会出乎意料地伤及某些有效品质。“人性中的好坏面远比人类所能想象的要更为复杂，因为它们如此深入地交织在一起。”②

论者阿加尔（Nicholas Agar）说，福山全书的结论是明智的，他的人性论论证却站不住脚。③我们得补充说，福山

---

① 福山：《我们的后人类未来：生物技术革命的后果》，黄立志译，广西师范大学出版社，2017，第 172 页。

② 同上，第 98 页。有关个体父母自由选择的优生学，福山另外两个反驳理由是：（1）即便父母与孩子的利益全然一致，父母的偏好携带着上一代人的文化观念，未必真正符合孩子的利益；（2）这种改造会陷入基因“军备竞赛”，因而不会达到预期的效果。不但如此，还会加剧社会不公平的代际遗传。

③ Nicholas Agar, *The Problem with Nature*, in: The Hastings Center Report, 2002, Vol.32, No.6, p. 39. 凯布尼克（Gregory E. Kaebnick）则高度评价书中有关人性的三章，可也批评福山的论述过于粗略。Gregory E. Kaebnick, *The Natureof the Problem*, in: The Hastings Center Report, 2002, Vol. 32, No. 6, p. 40.

的结论虽明智却乏力，甚为含混的“人类尊严”概念恐怕无以抵挡当代技术的洪流。相反，福山在现代科学的语境中，被生物技术的挑战所激发的人性论探索，虽粗略，却不无值得注意的闪光点。其人性论三要素，“基因基础论”、“本质跳跃论”和“人性整体论”，既能充分吸收生命科学的实证研究成果，又能意识到人性不能化约为其自然基础，值得进一步开拓。作为政治学者，福山意识到，要应对技术时代的政治问题，必须回到更根本的哲学层面来做论证。可政治学者也仅仅满足于提出一个为其政治话语提供理由的人性论轮廓，以致留下诸多疏漏，而这必然反过来削弱他的政治话语。首先，人性整体具有规范性吗？“人类尊严”之根植于整全人性是否有似于整全人性之根植于人类基因？也就是说，这当中仍有一个“本质性跳跃”？而真正具有规范性的乃是“人类尊严”，它虽根植于人性整体，却不能化约为人性整体。这样是否会在人性整体中形成一个新的层级论？这恐怕是自由主义者福山所不愿意迈出的步伐，要迈出这一步也必将面临更为棘手的问题，因为这将挑战自由主义的根本预设。更麻烦的在于，“人类尊严”的规范性又基于什么？仅仅基于人类自我保存的本能吗？于是就带来第二方面问题，既然基因本身是演化的产物，那也就意味着人性不是永恒的？人类的基因改造仅仅是将自然的权柄握在了自己手上，或者少数技术专家手上？于是，生物技术就成了人类基于“本能的贫乏”发展出来的补救自身贫乏的手段，是普罗米修斯对宙斯的再次造反。如果“本能的贫乏”得到普罗米修斯式修补，那么宙斯的政治制约也将被取消？事实上，福山对“人类尊严”的辩护似乎也表现为对“本能的贫乏”的强调：“人类存在的最重要的意义，完全不是由于物质性设计。而正是人类所独有的全部情感，让人产生了生存意义、目标、方向、渴望、需求、欲望、恐惧、厌恶等意识，因此，这些才是人类价值的来源。”① 福山的论证于是透露出一丝生存主义的色彩。当他意在凸显人类存在的独特性而又恪守自由主义的界限，不愿意对人类价值做出进一步规定的时候，就只有通往生存主义式自我肯定。可福山因此又兜了个圈子，因为他对于生存主义式情感的肯定仍然基于他对“人类尊严”的强调：“赫胥黎告诉我们，事实上，我们需要继续感知痛楚，承受压抑或孤独，或是忍受令人虚弱的疾病折磨，因为这是人类作为物种存在的大部分时段所经历的。除了谈及这些特征或论述它们是‘人的尊严’的基础，我们为什么不能简单地接受人类作为一个物种能不断改变自己的命运安排？”② 这种强调固然不无道理，可如果没有对“人类尊严”的更为实质的界定，没有对其规范性来源的更为充分的说明，那么福山的论证就会在“人类尊严—人性整体”中不断兜圈子。我们必须在诸种人类情感中做出价值判断，更为

---

① 福山：《我们的后人类未来：生物技术革命的后果》，黄立志译，广西师范大学出版社，2017，第 169 页。

② 同上，第 10 页。

具体地规定“人类尊严”的内容，而非仅仅对“人类情感”做出笼统的价值判断，肯定一个纯形式的“人类尊严”。否则，一个价值中立的宙斯只能眼睁睁看着一个充分发动的普罗米修斯将人类带向末人政治的道路。而首先，我们需要一种彻底的技术政治论，看到普罗米修斯本身已经具备一种规范性力量，在改造人类的政治世界。

四、生物技术与末人政治图景

福山最为担忧的是基因工程，可他在 2002 年的时候仍然认为，运用基因工程对人做出改造是一种颇为遥远的危险。摆在眼前的是神经药理学和寿命的延长所带来的末人政治图景。

神经药理学提供了一条解决精神问题的“医疗捷径”，而这条捷径闪烁着普罗米修斯式政治的光芒：“百忧解主要用于缺乏自尊的女性；它可以提高血清素增加一种雄性感。利他林则主要用于由于天性使然而不能安坐于教室的小男孩。两种药物一起轻轻地把两性推向雌雄共体的中性性格，容易满足且屈从于社会，这正是现在美国社会中政治正确性的结果。”① 无论是人造的自尊还是人造的安宁，涉及的都是人性中的“政治要素”，剪除这种政治要素恰是普罗米修斯式政治的潜在追求，这是一种追求安逸的末人政治。当然，

① 福山：《我们的后人类未来：生物技术革命的后果》，黄立志译，广西师范大学出版社，2017，第 53 页。

这并不意味着，安逸已然可得；而是意味着安逸本身成了追求的目标。百忧解和利他林还只是第一代精神治疗类药物，我们从中可以看到这一类药物的广阔前景。

神经药理学似乎更多地显示了现代世界的病症，与之相比，寿命的延长往往被视为现代世界的巨大成就。可这种普罗米修斯式成就隐含着巨大问题："照料老人已经开始取代抚养婴儿，成为今天活着的人们最主要的职责。"[①] 寿命的延长和生育率的走低，仿佛正在让我们走向字面意义上的"末人"或"最后之人"：如果老人不再死亡，新人也不再生育，那么现存的人也就是最后的人。福山的"历史终结论"仿佛在此受到了历史本身的戏谑回应。当然，"最后的人"只是趋势所向，而非眼前的现实。可不管如何，老龄化社会已经是发达资本主义社会的基本现实。而这也带来奇诡的全球政治秩序："北方世界的政治主调由年老的妇女来设定，而南方的政治则由托马斯·弗里德曼（Thomas Friedman）所称的非常强大的愤怒的年轻人主导。"[②] 老龄化也破坏一个社会内部"代际替换"的自然节奏，阻碍社会更新迭代的步

① 福山：《我们的后人类未来：生物技术革命的后果》，黄立志译，广西师范大学出版社，2017，第 96 页。

② 同上，第 64 页。有关老年女性，福山解释说："发达国家的选举投票人群将会更多地依赖女性，一来是老龄妇女通常比男性长命，二来是长期的社会变动使得女性更多地参与政治。事实上，老年妇女将成为 21 世纪政治家追求的最重要的选民群体之一。"同上，第 64 页。译文根据英文本改动。

伐，因为学术进步和政治变革通常都发生在代际之间。①

老龄化还给福山的以“人类尊严”为根据的政治带来一个巨大的挑战：无生命质量的寿命延长是否值得追求？可我们又如何判定一种寿命延长是否有“生命质量”？由谁来判断？如果不是由医学专家来判断的话，那么是否能由政治家来判断？如果我们既不信赖医学专家也不信赖政治家，那么该由老人的子女来判断吗？还是由老人自己来判断？生物技术的进步将带来严峻的伦理问题。诉诸笼统的“人类尊严”恰恰无法解决此类问题。人类正在运用自己的普罗米修斯能力参与宙斯的分配方案，可不久就会意识到，我们手上还缺少一种合理的分配原则。或者，体系自身的效能原则（这反映在每一个个体就是购买力）将成为真正有效的分配原则，如果这样，普罗米修斯也就彻底取代了宙斯的位置，确立了自己的技术政治。

福山认为，就像人类需要且能够管控核武器一样，人类也需要且能够管控生物技术。只不过，生物技术的情形远为暧昧和复杂，需要更为细致的考察和甄别：“某些技术，比如人类克隆，无论出于内在原因还是战略原则，都必须完全禁止。但对当前涌现出的大多数生物技术来说，它们需要一个更为细致的管理方式。”② 具体来说，他主张在治疗和增强

① 福山：《我们的后人类未来：生物技术革命的后果》，黄立志译，广西师范大学出版社，2017，第 67 页。

② 同上，第 183 页。

之间划出一道红线，生物技术在治疗上的应用当得到鼓励，可一旦涉及增强，就要谨慎对待。福山的这种保守主义态度大体上并不错，可问题同样在于，治疗和增强之间的红线很难清晰划定，增强本身也可以通过治疗的名义展开，而这都将为技术政治留下巨大的空间。

五、技术政治论的反思

除了与生物技术有关的问题之外，福山在书中对于信息技术的政治潜能做了过于乐观的估计，他低估了奥威尔的预言："与成为集权与暴政的工具相反，它走向的是：信息获取的民主化以及政治的分权。不是'老大哥'密切监视着大家，而是大家使用电脑与网络监督'老大哥'，因为各地政府不得不公布政务的更多信息。"[①] 后来的斯诺登事件确切无疑地表明，信息技术无疑同样有利于"老大哥"的监视。德国社会学家贝克甚至将由此暴露出来的数字风险与核灾难相提并论。这看似夸大其词，却有其内在的根据："因为全球的数据监控越是全面，公众就越是无法意识到这种监控。数字风险的独特之处和内在于其中的悖谬就在于此：我们离灾难越近，就越是看不见灾难，数据的全球控制正是这样一种灾难。"[②] 简单说来，贝克之所以将数字风险与核灾难相提并

① 福山：《我们的后人类未来：生物技术革命的后果》，黄立志译，广西师范大学出版社，2017，第 8 页。

② Ulrich Beck，*Die Metamorphose der Welt*，Berlin：Suhrkamp 2017. S. 186.

论，正因为这两者的机制一隐一显，适成极端的对照："切尔诺贝利核电站和后来的福岛核电站的事故引发了关于核电风险的公开辩论，而关于数字自由风险的讨论并不是由传统意义上的灾难所引发的。"① 不过，这种风险如今也不再能让人视而不见了。另一方面，世界范围内民粹主义的回潮也表明，网络并未带来更大范围的公共性，信息的碎片化和茧房化反而带来了公共空间的彻底撕裂。把信息技术称为"自由的技术"，如今看来无疑是一种浅见。② 不过，福山仍然清醒地看到，"没有任何东西可以保证，技术将一直产生如此正面的政治效应。过去许多科技进步曾经减少了人类的自由。"③ 他说这话意指的是生物技术，可这话当然也可以适用于信息技术。

总结来说，福山这部"技术政治论"确实存在不少问题。可我们不要忘记，这本书出版于2002年，就此而言，福山的论述确实有相当的前瞻性。无论如何，福山站在人本主义立场上所写的这部《我们的后人类未来》，为我们提供了一个切入口，对技术时代的政治问题做一番分析的尝试。从"技术时代论"的眼光来看，这部"技术政治论"最大的问题，还在于他延续了传统的"技术—政治二元论"眼光，

---

① Ulrich Beck, *Die Metamorphose der Welt*, Berlin: Suhrkamp 2017. S. 185—186.

② "比如，信息技术，带来许多社会进步以及相关的微量危害，因此仅受到少量的政府管制。"福山：《我们的后人类未来：生物技术革命的后果》，黄立志译，广西师范大学出版社，2017，第14页。

③ 同上，第18页。

没有意识到现代政治并非资本—科学—技术系统之外的规范性力量，而是与这个系统本身相交织，被它浸染乃至于支配的部件。也就是说，它还不是真正意义上的技术政治论。真正的技术政治论必须将现代的政治理解本身纳入反思，同时要考察技术“进步”潜在的政治意涵，揭示普罗米修斯隐藏的宙斯面相。真正的技术政治论将揭示所谓“人类尊严”非但不能刹住技术进步的加速列车，而且还潜藏着与之同谋的末人政治的逻辑。真正的技术政治论因此也将质疑任何一种现成的“人类尊严”及其保护主义，指向更高的“生命之爱”，这种“生命之爱”才能促发人类免于末人政治和技术统治的诱惑。在自我超越中获得的自我尊重，才是真正的“人类尊严”——这是“超人”思想的要义所在，尼采的超人思想与他的权力意志思想在根本上相通，都指向人类在自我超出中的自我完成，指向那个自我超越中的人性光芒。就此而言，“人类尊严”不是保护的对象，而是无法离开自我超越的生活方式安然独存的精神现象。或许，究极而言，我们还要重新返回“本能的贫乏”。不是基因，也不是粒子，或任何自然科学的实证研究对象，而是“本能的贫乏”在不竭地涌现特属于人性的生命现象。普罗米修斯和宙斯都源于这种“本能的贫乏”，却又不能穷尽之，更不能以一己之力占据和填补这个永恒的泉源而不至落入堵塞的境地。

一种恰当的技术政治论因而要基于一种非还原的人性论。有关于此，我们仍然可以从柏拉图和尼采找到思想的灵感。柏拉图式“本能的贫乏”和尼采式“生命的充盈”看似相反，可着实有着实质上的相近。无论贫乏还是充盈都不能简单地满足于自身，而是有着超出的需要，都内在包含着人性现象无可还原的生发空间。有关于此，我们将在“技术时代”的第三卷《拯救现象——技术时代的存在论》中着力展开。眼下，我们要强调的是，技术—政治二元论试图以一种现代性的政治约束现代性技术，而没有意识到现代性的技术—政治二元论本身就意味着普罗米修斯的释放。一种技术工具论的假象在根本上不是出于任何一位思想者的误识，而是内在地发生于现代性的规划。为了恰当地谈论技术时代的政治问题，我们首先要察看普罗米修斯如何在技术时代的本源处得到释放，如何以其人为的充裕填补“本能的贫乏”，安顿不安的人类本性。为此，在全书的结论部分，我们要把审视的目光从福山的当代技术忧思转向笛卡尔的知识规划，在晚期现代回望“现代哲学之父”的思想实情。

第八章　笛卡尔实践哲学发微

一、引论

提起笛卡尔，我们首先想到的会是“沉思”，而非“实践”。毕竟，与“知识就是力量”相比，“我思故我在”是一个远为孤独、静默的表述。并且我们谈论实践哲学，会想起的伦理学和政治学，一眼望去仿佛正是笛卡尔思想体系的缺憾。和后来同样过着隐居生活却写作《神学政治论》《伦理学》《政治论》的斯宾诺莎相比，笛卡尔似乎真的远离人群。那为什么还要谈论“笛卡尔的实践哲学”？笛卡尔有“实践哲学”上的论述吗？

笛卡尔确实极少作这方面的论述。关于政治，他几乎未置一词；关于道德，他留下的也仅止于只言片语。于是，既有的笛卡尔实践哲学研究基本上局限于伦理学视野，可即便笛卡尔伦理学的研究也面临很大的困难。有关于此，研究者阿劳霍（Marcelo de Araujo）所总结的笛卡尔道德理论的四个解释方向很能说明问题：（1）笛卡尔没有发展出系统的道德理论，因为他过早地去世了；（2）笛卡尔根本不太关心道德问题；（3）笛卡尔的道德论说无甚新意，总结出来也无非是斯多亚学派的观点；（4）笛卡尔在《谈谈方法》中所陈述的“临时建筑”，也就是他最终的观点。[①]阿劳霍认为，那种在笛卡尔的著作中看不见道德哲学的研究，是被义务论伦理学遮蔽了视野。对于笛卡尔来说，道德哲学或伦理学就是过上好生活的学问，而这种学问在那个年代的风尚中往往不必以系统的方式来呈现。此言不差。可问题在于，如果仅仅如此，那么笛卡尔的伦理思想就还在古代幸福论—德性论的框架之中，与他在理论哲学上开现代之风气相比，他在实践哲学上的新意就显得微不足道了。[②]

笛卡尔的实践哲学却另有要旨。笛卡尔虽然没有写下对

① Marcelo de Araujo，*Scepticism*，*Freedom and Autonomy*，Walter de Gruyter，2003，p. 131. 从伦理学视野出发的笛卡尔研究，汉语学界亦有可观的成果，请参看施璇：《笛卡尔的伦理学说研究》，上海人民出版社，2021。

② 比如，针对第三种观点，阿劳霍指出：“在一些重要的方面，如一些评论者已经指出的那样，笛卡尔的伦理学从根本上偏离了斯多亚的伦理学。这种偏离尤其突出地体现在他们对于激情的不同处理。斯多亚主义视最高的善为激情的消除，而笛卡尔在激情的恰当‘运用’中设想达至好生活的条件。”（p. 140）激情问题固然甚是要紧，可这种差别仍然只是局部性的，反倒突显出笛卡尔的伦理思想在大框架上的传统性质。

伦理问题的系统论述，可他的全部知识规划有一个明确的伦理指向，他在《谈谈方法》中也明确地把自己的哲学称为实践哲学，相应地把经院哲学称为理论哲学。[①] 这个命名还很少引起注意，可细想之下着实惊人。马克思曾豪迈地说，“哲学家们只是用不同的方式解释世界，问题在于改变世界。”[②] 事实上，先于马克思两百年前，笛卡尔已然以温和的语调说过，以往的哲学都是理论哲学，从今以后的哲学当是实践哲学。

换言之，笛卡尔的实践哲学研究不是在笛卡尔的只言片语中去建构一套笛卡尔的伦理学，而是把我们向来以为的笛卡尔的理论哲学作一种实践哲学的解释。从笛卡尔研究的角度来说，这当然是一项涉及研究方向和阐释主旨的大工程，我们在此仅仅着力于开辟路径。我们将从技术时代的反思出发，以《谈谈方法》这一笛卡尔式思想大纲为核心文本，结合其他相关论述，对笛卡尔的知识规划做一种实践哲学的阐发。

二、待挖掘的“革命”

《谈谈方法》固然简要，可在笛卡尔的所有著作中，恐

---

① 笛卡尔:《谈谈方法》，王太庆译，商务印书馆，2015，第 49 页。

② 马克思:《关于费尔巴哈的提纲》，载《马克思恩格斯选集》第 1 卷，中央编译局编译，人民出版社，1995，第 57 页。

怕是政治性最强的一部，甚至可以说，《谈谈方法》是一本革命性的书。不过在今天，这并非一望可知的了，这成了一场有待挖掘的"革命"。它用平实而优雅的法文写成，娓娓道来，语速和缓。第一人称的叙述营造了个体化的内省姿态，仿佛远离人烟，与革命更是了无关联的。可用这样的方式写一部哲学著作，在那个年代本身就是一个革命性姿态。经院哲学的繁琐文体，被他轻轻地一扫而空。

笛卡尔和后来的卢梭、尼采不同，他以极为谨慎的姿态、用极为平和的文笔来谈论他那极具革命性的思想。我们读这本书要学会欣赏这种反戏剧的戏剧性。尼采笔下的查拉图斯特拉曾有言："最寂静的言语最能激起风暴，以鸽足轻轻到来的思想驾驭着世界。"① 从思想史的影响来看，笛卡尔这部书正是"以寂静激起风暴"、"以鸽足驾驭世界"的典范。有关笛卡尔主义对早期现代的启蒙事业和世俗化进程的推动，学者甚至有过非常具体的研究，比如："现代法国学者米歇尔·伏维尔研究了18世纪法国南部的档案，发现正是从第一代笛卡尔主义者开始，法国人民给宗教组织的捐款减少了，而且与此同时，宗教敬语开始退出遗嘱与官方文件。过去，遗嘱中曾经充满了祈愿，恳求圣母玛利亚和本地圣徒看顾死者的灵魂，到了1750年，占全部80%之多的遗

① 尼采：《查拉图斯特拉如是说》，孙周兴译，商务印书馆，2010，第235页。

嘱已经与宗教无关。”[①] 无论经验中具体的因果联系是否如学者所断定的那么确凿，“现代哲学之父”的革命性意义概无可置疑。

我们仍然生活在这场革命的成果之中，这场科学革命在根本上决定了现代世界的面貌，决定了我们看待自然和自身的眼光。这场“科学革命”当然不是笛卡尔一个人的功劳，可笛卡尔对那个时代的自然研究做了一种整体性规划，试图为其奠定哲学根基，也由此奠定了现代哲学本身的根基。不了解笛卡尔，我们对于古今之间的转折就是茫然的，我们对于现代世界的基本预设就仍然缺少反思。

笛卡尔的革命首先从数学开始。有似于亚里士多德抽离一切命题的内容，仅仅关注推论的形式而开创逻辑学，笛卡尔恍悟到自己可以抽离于一切事物的性质差异，通过仅仅关注其中的数学层面来研究自然：“我逐渐发现数学唯一关注的是次序或度量，至于这个度量是否包含数字、形状、星辰、声音还是随便什么东西，则是毫不相关的。这使我意识到，必须有一门普遍科学，来解释在关注次序和度量而不关注具体题材时所提出的所有问题，这门科学应该叫作 mathesis universalis [普遍数学]。”[②] 这里所谓的 mathesis

---

① 萧拉瑟：《笛卡尔的骨头》，曾誉铭、余彬译，上海三联书店，2012，第 101 页。

② 笛卡尔：《指导心智的规则》，规则 4。译文参看帕森斯主编，《文艺复兴和 17 世纪理性主义》，田平等译，中国人民大学出版社，2009，第 241 页。

universalis［普遍数学］乃是早期笛卡尔的主要灵感。[①] 而这也意味着，他虽然极为关注数学，也在解析几何学上做了自己的开创性贡献，可他真正的用心并不局限于数学本身，而是意在构想一种以数学为“语言”的自然研究，为此做一种整体规划。[②] 因此，当他在《谈谈方法》第一部分遍举各门学问的时候，几乎对一切既有的学问都做了某种否定性评价，惟独对数学，他的评价是“怒其不争”的意思：“我特别喜爱数学，因为它的推理确切明了；可是我还看不出它的真正用途，想到它一向只是用于机械技术，心里很惊讶，觉

---

① 笛卡尔其人颇为神秘，他有一种隐士风格，喜欢躲藏。从耶稣会学校毕业之后，16 岁的笛卡尔没有选择法官、医生之类的体面职业，而是选择了去荷兰参军。可他参军的目的不是真的去打仗，而是去游历世界。（参《谈谈方法》第二部分）就在荷兰参军期间，1618 年 11 月 10 日，他偶遇了一个叫比克曼的数学家，对他发生深刻的影响。普遍数学的构想大概发生于这个时期。（参看弗雷德里斯：《勒内・笛卡尔先生在他的时代》，管震湖译，商务印书馆，1997，第 35 页。）有关比克曼对笛卡尔的影响，著名的笛卡尔研究者柯廷翰（John Cottingham）有言：“从他的通信中，我们得知，他早年的伟大灵感来自荷兰数学家伊赛克・比克曼（Issac Beeckman）。1618 年笛卡尔在荷兰遇到过他。比克曼对笛卡尔所扮演的角色有点像后来休谟对康德所扮演的角色——将他从教条式的沉睡中唤醒。”（柯廷翰，《笛卡尔：形而上学和心灵哲学》，载帕森斯主编，《文艺复兴和 17 世纪理性主义》，田平等译，中国人民大学出版社，2009，第 240 页。）

② 笛卡尔的雄心不在作为一门科学的数学，也不在通常意义上的博学，而在全部知识体系的奠基。在通信中，笛卡尔曾说：“如果一个人有能力为各门科学奠基，那么，让他钻到故纸堆里搜寻一些琐碎的知识，就是错误的。” *The Philosophical Writings of Descartes*, Vol.3, eds. & trans. by Cottingham, J. G, Stoothoff, R., Murdoch, D., and Kenny, A., Cambridge UniversityPress, 1991, p. 119.

得它的基础这样牢固，这样结实，人们竟没有在它的上面造起崇楼杰阁来。”[①] 他的革命首先是要用数学的方法去研究自然。mathesis universalis［普遍数学］不只是数学，而且是物理学，是最广意义上的自然研究。

就在笛卡尔埋头于这项大事业的时候，传来伽利略受审的消息。1633 年的伽利略事件中断了他的出版计划。对此，他在《谈谈方法》第六部分也有交代：“三年前我写完了那部包含这些内容的论著，刚刚着手修改、准备付印的时候，听说有一些权威人士对某某人新近发表的一种物理学见解进行了谴责。那些人士是我非常重视的，他们的权威对我的行为有很大影响，正如我自己的理性对我的思想起支配作用一样。”[②] 这部著作就是他在《谈谈方法》第五部分做了简要概述的《世界，或论光》(1629—1633)。[③] 除了个性上的谨慎之外，伽利略事件更让笛卡尔意识到现代科学还需要合法性奠基，要直面权威问题。在笛卡尔看来，伽利略还没有打

---

① 笛卡尔：《谈谈方法》，王太庆译，商务印书馆，2015，第 7 页。

② 同上，第 48 页。笛卡尔在通信中多次议论此事，如 1633 年 11 月底致梅森的信：*The Philosophical Writings of Descartes*, Vol.3, eds. & trans. by Cottingham, J. G, Stoothoff, R., Murdoch, D., and Kenny, A., Cambridge University Press, 1991, p. 40.

③ “我写过一部论著，试图说明这些真理的主要部分，由于某种顾虑，没有把它发表；大家不知道那部书讲的是什么内容，所以我只好在这里给它作一个内容提要。那部书的论述对象是各种物质性的东西的本性。”笛卡尔：《谈谈方法》，王太庆译，商务印书馆，2015，第 34—35 页。

地基就开始盖楼了[①]，而他正要解决现代科学革命的哲学基础问题，这（1）既包括科学知识的认识论和形而上学奠基，（2）也包括科学与信仰、与道德及政治关系的重新奠基。正是这让笛卡尔成为现代哲学之父，其中的第二方面显然具有重要的实践哲学意涵，而其中的第一方面需要结合第二方面才能得到真正的理解。换言之，如果我们打开了第二方面的视野，那么第一方面同样具有实践哲学意涵。

三、笛卡尔的政治（1）：为上帝立法

笛卡尔几乎没有正面谈论过政治，可他的写作具有高度的政治性。笛卡尔的实践哲学绝不止于伦理学的只言片语，而且有着不可低估的政治哲学内容。我们读《谈谈方法》，一般最重视第四部分，因为笛卡尔在这一部分首次通过普遍怀疑打开了形而上学的新路径，通过“我思故我在”

---

① 笛卡尔在1638年10月11日致梅森的信中，就《关于两门新科学的对话》(1638)，谈了他对伽利略的看法：“在这封信的开头，我要对伽利略的书做几句点评。总的来说，我发现他比平常更善于哲学了。他在自己力所能及的范围内抛弃了经院的错误，试图用数学方法来研究物理问题。在这一点上，我与他完全一致，因为我认为没有其他方法可以发现真理。但他总是一再离题，没有花时间充分解释问题。这在我看来是个错误：这表明他没有以恰当的次序研究问题，并且他只是为某些特殊的影响寻求解释，而没有探究本质上的首要原因；因此他的建筑缺乏基础。” *The Philosophical Writings of Descartes*, Vol.3, eds. & trans. by Cottingham, J. G, Stoothoff, R., Murdoch, D., and Kenny, A., Cambridge University Press, 1991, p. 124. 简言之，笛卡尔认为伽利略的哲学能力不足，没有能够解决现代自然研究的基础问题。

这一新哲学的阿基米德点论证上帝和灵魂的本性。[①] 认识论和形而上学问题无疑是笛卡尔哲学的重心所在，可如果仅仅关注这部分，我们就无以理解笛卡尔为什么要写作《谈谈方法》，而非径直写作《第一哲学沉思集》。因为有关于此，真正的开展是在《第一哲学沉思集》中，而《谈谈方法》虽然在这些问题的处理上极为简略，但是展开了一个远为宽阔的视野。用法文写作的《谈谈方法》，比他后来用拉丁文写作的《第一哲学沉思集》具有更为突出的政治性，因为这里贯穿始终的是权威问题。不过，如上所述，笛卡尔的政治也要分两方面来谈，他的认识论和形而上学也具有政治性，也是他的整个极具政治性的科学规划的一部分。笛卡尔的政治，一方面是为上帝立法，另一方面是为人类谋福祉，并且根本是为人类谋福祉。因为在他那个时代，只有完成对上帝的立法，才能展开自然研究，为人类谋福祉。因此，虽然第二方面才是笛卡尔的落脚点，可我们仍然要从第一方面开始谈。

笛卡尔的普遍怀疑不只怀疑感官的确实性（这可追溯至希腊哲学的发端处并且几乎是所有哲学家的共性），而且怀疑数学的可靠性。为此，他在《第一哲学沉思集》提出了“魔鬼论证”：万一是一位魔鬼在捉弄我，把数学的观念放在

---

① 我思故我在（cogito ergo sum）第一次是以法文的形式（je pense, donc je suis）在《谈谈方法》中提出来的，更知名的拉丁语形式则见于《哲学原理》，而对这一哲学第一原理的详细阐述则是在《第一哲学沉思录》中，虽然那里并没有出现这一表述。

我的意识中，让我误以为世界就是如此，那么看似可靠的知识就会让人落入更大的幻相之中。[①]“魔鬼论证”体现了一种对于知识的深深的不安全感。这一点尤为值得注意，因为这是和古代哲学截然不同的起点。古代哲学家（如柏拉图）也怀疑感官的可靠性，可恰恰数学知识为他们提供了范例，让他们确信普遍有效的知识的可能性，以及一个超越感官流变的真实世界的实存。事实上，这种不安全感并不是笛卡尔所独有的，而是西方思想史在一个决定性的事件之后，哲学家们普遍具有的。或者说，笛卡尔在知识上的不安全感和他对确定性的强烈追求，以思想史上的决定性事件为大背景，是一种哲学性“情绪”。这个思想史的大背景，这个决定性的事件，就是基督教的兴起和基督教神学对西方精神世界的垄断性统治。这位全能的“上帝”经过中世纪晚期的唯名论阐释而变得尤其令人不安。[②]这种“不安”既是生存性的，也是政治性的。如思想史家吉莱斯皮所言：“笛卡尔试图建立一个理性堡垒，以抵御唯名论的那个可怕的神。这个堡垒不仅可以提供个体的确定性和安全感，缓解或消除自然的不便，而且可以终止正在把欧洲撕成碎片的宗教政治纷争。”[③]

---

① 笛卡尔：《第一哲学沉思集》，庞景仁译，商务印书馆，1996，第20—21页，第35—36页。

② 唯名论强调神的全能，并出于这种神性规定而攻击实在论者的共相设定：“这种神的全能观念对实在论的衰弱有影响。奥卡姆指出，神不可能创造共相，因为这样会限制他的全能。”吉莱斯皮：《现代性的神学起源》，张卜天译，湖南科学技术出版社，2011，第31页。

③ 同上，第222页。

Physis［自然］，在希腊思想中乃是真理和规范性的来源，这时却已降格为上帝的造物。从圣经叙事的眼光来看，被造的自然无非为上帝与人之间的救赎故事提供了一个临时性舞台，不仅重要的在于上面演出的有关人神关系的故事，而且这个舞台本身也有历史性。在这段历史的终末，舞台也将失去存在的意义。并且，对于一位从虚无中创造、能够行奇迹的上帝来说，自然秩序在原则上可以随时被打断、遭废弃。与自然一同降格的还有人类的理性，以及基于自然理性的哲学生活。在上帝创世救赎的叙事框架中，哲学的反思、怀疑成为偏离信仰的罪，自然理性甚至成为人性骄傲的来源。笛卡尔的“魔鬼论证”所要针对的就是这样一位上帝。这位上帝正是威胁知识根基的魔鬼，是阻碍精神自由的最大的僭主。一如现代西方在政治上的变革是要设立宪章约束君权，现代西方在精神上的变革是要设立一种约束上帝和信仰的形而上学，为基于人类自然理性的精神自由重新开辟道路。这里所关系到的不只是一种新的自然解释，即现代自然科学的奠基，而且同时是一种哲学生活和精神自由之路的重新开启。因此，早期现代的形而上学论辩，其实质是要“为上帝立法”。笛卡尔的沉思恰恰是最高意义上的实践，关系到最高的立法问题。

有关笛卡尔如何开展其上帝实存论证，已有无数研究，我们无须在此面面俱到地详论。需要着重指出的是，笛卡尔的上帝实存证明确有牵强之处，并有循环论证的嫌疑，这是他的同时代人如阿尔诺（Antoine Arnauld）早就指出了的。[①] 后世所谓“笛卡尔循环”，指的正是他一面通过“思想之我”具有清晰明确的上帝观念来论证上帝实存，可在另一面又通过上帝实存确保了“思想之我”的实体性及其观念之清晰明证之为真理性原则。[②] 尽管如此，我们要看到，“我思故我在”在确证自我实存的同时完成了对自我本性的规定，此即一种非身体、不可分的“思维”；与此类似，笛卡尔通过“上帝实存证明”完成了上帝属性的规定：（1）“怀疑不定、反复无常、忧愁苦闷之类事情，神那里都不可能有”[③]；（2）更重要的是，上帝不能欺骗，“我们在此要记住的上帝的第一个属性是，祂是无比真实的，并且是一切光明的赐予者；因此，假设祂可能欺骗我们，或者在严格的、积极的意义上祂是错误的原因，这完全是自相矛盾。”[④] 上帝非但不能欺骗，而且是“自然之光”的光源，甚至就是“自然之

① 柯廷翰：《笛卡尔：形而上学和心灵哲学》，载帕森斯主编，《文艺复兴和17世纪理性主义》，田平等译，中国人民大学出版社，2009，第249页。

② Nicholas Bunnin and Jiyuan Yu，*The Blackwell Dictionary of Western Philosophy*，2014，p. 51.

③ 笛卡尔：《谈谈方法》，王太庆译，商务印书馆，2015，第29页。

④ 笛卡尔：《哲学原理》，载《笛卡尔主要哲学著作选》，李琍译，华东师范大学出版社，2021，第176页。《第一哲学沉思集》的第三沉思聚焦于上帝问题，在开篇笛卡尔首先规定了自己的任务：“检查一下是否有一个上帝；而一旦我找到了有一个上帝，我也应检查一下他是否是骗子。”笛卡尔：《第一哲学沉思集》，庞景仁译，商务印书馆，1996，第36页。

光”本身。[1] 确定了上帝的光源性质也就驳斥了“笛卡尔的魔鬼”，笛卡尔由此进一步重建了之前被怀疑的数学真理的可靠性：“这就去掉了我们最严重的怀疑……数学真理不应再被怀疑了，因为它们是无比清晰的。”[2] 这就是“为上帝立法”，“怀疑不定、反复无常、忧愁苦闷”者绝非上帝，贬低理性、任意扰乱自然秩序者绝非上帝。如果哪一种宗教敬拜的是这样一位上帝，那毋宁该称之为“魔鬼”。这是笛卡尔对于一切价值的重估。

“笛卡尔循环”于是展现为自然之光的寻觅、描绘和彰显。我们每一个人的理性都是有限的，都可能会犯错，而那个光源则确然可靠；我们可以循着“我思”所折射的光明来认识光源，此后又可以以此完满的光源为根据来分辨真理和谬误。笛卡尔的“第一哲学”所要做的无非是要穿透传统、感官和信仰的迷雾，重揭“自然的光明”（lumiere naturelle）。[3] 于是，笛卡尔虽然保留了上帝的位置，可他订立了新约，完成了自然神学上的“君主立宪”，他的世界解释没有给启示神学留下位置。如柯瓦雷所言：“神学思想和解释在物理科学中是没有地位和价值的，正如它们在数学中

---

①② 笛卡尔甚至把上帝和自然之光相等同：“由此推出，自然之光或上帝赐予我们的认识能力绝对不会触及任何不真的对象，就对象被这个能力触及而言，也即就它被清楚明晰地知觉到而言。”（笛卡尔：《哲学原理》，载《笛卡尔主要哲学著作选》，李琍译，华东师范大学出版社，2021，第 176 页。）

③ 笛卡尔：《谈谈方法》，载《笛卡尔主要哲学著作选》，李琍译，华东师范大学出版社，2021，第 9 页。

没有地位和意义一样。”①

四、笛卡尔的政治（2）：为人类谋福祉

“为上帝立法”还只是笛卡尔的政治的一个方面，虽然这个方面极为要紧，可也不是全部的图景。只有回到《谈谈方法》的整体论述，才能一窥笛卡尔的政治之全貌。《谈谈方法》从书本到世界，再回到自身（第一至第三部分）；从自身找到确定性，循着微弱的理性之光达至完满的光源（第四部分）；接着依此光亮研究自然（第五部分）；并且又在最后回到书本，回答为什么要写作的问题（第六部分）。于是，整本《谈谈方法》是一条从书本出发回到书本的道路，只不过是用他自己的新书本替代了古希腊和基督教的旧书本，笛卡尔在除旧布新，另起文脉。

因此，毫不奇怪，《谈谈方法》贯穿着对权威问题的意识，其中谈论写作问题的“第六部分”尤其如此。在一个人人原则上都能写作的年代，我们很难理解一个哲学家为何如此严肃地看待写作。写作问题看似无足轻重，对于笛卡尔来说，却是一个基本的政治问题，写作是著书立说，是哲学家的政治行动。伽利略事件促使笛卡尔反思自己的写作，并且最终搁置了《世界》的发表。可笛卡尔为何还要写作并发表《谈谈方法》，后来为何又发表一系列著作？简单来说，《谈

---

① 柯瓦雷：《从封闭世界到无限宇宙》，张卜天译，商务印书馆，2017，第108—109页。

谈方法》就因此而作，只有在《谈谈方法》回答了这个问题、奠定了革命的基石之后，笛卡尔才能重新启程。

在第六部分开篇处，笛卡尔为写作定下两条原则：（1）“任何新的看法，只要我没有得到非常可靠的证明，总是不予置信”；（2）“任何意见，只要有可能对人家不利，总是不肯下笔。”[①] 我们可以将之概括为确定性真理原则和利益众生原则。两者的结合事实上设定了以确定性真理服务于人类利益这一写作宗旨。正是在这里，笛卡尔提出了他的独特的实践哲学概念。以利益众生原则来衡量，如果“只不过满意地解决了一些思辨之学（sciences spéculatives）方面的难题”，那就没有“著书立说的必要”。[②] 发表思辨之学，除了满足著述者的虚荣，还会导致“众人皆为改革家”的局面。[③] 笛卡尔与后世自由主义者大不相同，他心目中的真理和理性具有唯一性，他厌恶无谓的争执，理解权威的必要也极为重视秩序。“可是，等到我在物理方面获得了一些普遍的看法、并且试用于各种难题的时候，我立刻看出这些看法用途很广，跟流行的原理大不相同。因此我认为，如果秘而不宣，那就严重地违犯了社会公律，不是贡献自己的一切为人人谋福利

① 笛卡尔：《谈谈方法》，王太庆译，商务印书馆，2015，第 48 页。

② 同上，第 48—49 页。参法文版 René Descartes, *Oeuvres de Descartes*, Vol. VI,（ed.）C. Adam and P. Tannery, Paris, Leopold Cerf, Imprimeur-Editeur, 1902, p. 61.

③ 笛卡尔：《谈谈方法》，载《笛卡尔主要哲学著作选》，李琍译，华东师范大学出版社，2021，第 46 页。

了。”[①] 他之所以写作并发表著作，是因为他发现了一条新路径，他可以由此抛弃思辨哲学，开辟实践哲学。从这条新路径出发，他重新界定了何谓思辨哲学、何谓实践哲学。从他的新路径和新眼光来看，即便古代哲学中的实践哲学也还是思辨的，而即便他的第一哲学和物理学，也在根本上是实践的。

正是这一新路径使得确定性真理原则和利益众生的原则发生了交集，这一交集意味着启蒙理念的诞生：“因为这些看法使我见到，我们有可能取得一些对人生非常有益的知识，我们可以撇开经院中讲授的那种思辨哲学，凭着这些看法发现一种实践哲学，把火、水、空气、星辰、天宇以及周围一切物体的力量和作用认识得一清二楚，就像熟知什么匠人做什么活一样，然后就可以因势利导，充分利用这些力量，成为支配自然界的主人翁了。”[②] 显然，笛卡尔所谓的“实践哲学”不是伦理学或政治学，而是他的物理学，原本沉思性的自然研究如今转变成了实践性的自然科学。这正是笛卡尔身处其中的科学革命。他为这种革命赋予了自我意识和合法性论证。

不过，一旦涉及合法性论证，笛卡尔对作为自然科学的“实践哲学”的提倡，就具有了传统实践哲学上的伦理性和政治性。要理解这一点，我们得对照着亚里士多德的知识体

---

①② 笛卡尔：《谈谈方法》，王太庆译，商务印书馆，2015，第49页。

系，察看一下笛卡尔的知识体系，要用传统的实践哲学概念来反观笛卡尔的“实践哲学”规划。在《哲学原理》法文版序中，笛卡尔曾提出著名的“知识树”比喻：“哲学好像一棵树，树根是形而上学，树干是物理学，从树干上生出的树枝是其他一切学问，归结起来主要有三种，即医学、机械学和道德学，道德学我认为是最高的、最完全的学问，它以其他学问的全部知识为前提，是最高等的智慧。可是我们并不是从树根上，也不是从树干上，只是从树枝的末梢上摘取果实的。”[①] 笛卡尔所参与的科学革命不再以自然为有机体[②]，可是笛卡尔却仍将知识视为有机体。无论《谈谈方法》中的建筑喻，还是《哲学原理》中的知识树的隐喻，都指向一种形而上学的奠基规划。笛卡尔之成为现代哲学之父，正因为他要通过一次普遍的、彻底的怀疑重新建立可靠的知识地

① 笛卡尔：《谈谈方法》，王太庆译，商务印书馆，2015，第 70 页。

② 研究者高克罗格（Stephen Gaukroger）认为，机械论的兴起主要针对的是文艺复兴的自然观：“机械论兴起之初的主要目的并非对经院哲学的回应，而是作为一种本身就是对经院哲学回应的哲学即文艺复兴自然主义的回应。文艺复兴自然主义摧毁了中世纪哲学和神学在自然和超自然之间划定的清晰而严格的界限，它提供了这样一种观念：宇宙是一种活的有机体，是一个整体的系统，它的各个部分由各种力量和力交织着。”（高克罗格：《笛卡尔：方法论》，载帕森斯主编，《文艺复兴和 17 世纪理性主义》，田平等译，中国人民大学出版社，2009，第 208 页。）高克罗格的看法有助于提醒我们当心思想史的简化论述，可他的论述本身颇值得商榷。首先文艺复兴是一个极为驳杂的时期，并不存在统一的“文艺复兴的自然观”；其次，更重要的是，笛卡尔的革命显然不是针对文艺复兴的小传统，而是针对整个古代自然观。

基。不过，这在另一方面意味着，我们不能把笛卡尔的形而上学和他的自然研究分离开来。事实上，笛卡尔在通信中经常告诫朋友，不要沉溺于形而上学。① 他的真正用意在自然研究，并基于这种自然研究（他所谓的物理学，“树干”）采摘机械学和医学的果实（这种果实的最新形态也就是我们今天的人工智能和生物技术），使得人类成为“自然的主人”。如是，整个知识体系完成了从思辨到实践的转向。在亚里士多德那里，高于政治实践的沉思的生活是神性的，不需要通过指向低于政治实践的制作领域来获得自身的合法性，相反，制作领域和实践领域倒因为沉思性的理论领域的存在而有了一种超越性的意义之维。可在笛卡尔这里，一切的知识最终都要在制作领域得到合法性证明，要“为人类谋利益”。所以，笛卡尔的“实践哲学”指的不是道德生活领域和政治行动领域的哲学，不是伦理学和政治学，而是整个知识体系、整棵“知识树”的实践品格。这种“实践”的最终执行人不是神学家和政治家，而是技术专家。这种“实践”不是明智（phronesis）的权衡，而是精巧的技艺（techne）。

相应地，亚里士多德意义上的实践领域在笛卡尔的知识规划中消失了。当然，道德学成了有待结出的最高的果实。可问题在于，笛卡尔根本就没有基于自然研究写出一

① 柯廷翰：《笛卡尔：形而上学和心灵哲学》，载帕森斯主编，《文艺复兴和17世纪理性主义》，田平等译，中国人民大学出版社，2009，第239页。

本道德学，不但笛卡尔没有做到，整个现代的知识规划都没有也不可能基于自然研究写出一种道德学。认为笛卡尔根本不重视道德学的看法，至少与这一处关于“最高等的智慧”的说法相矛盾，可认为笛卡尔因为去世得太早而没能写出道德学的看法，恐怕也是浅见。“最高的、最完全的学问”既然要“以其他学问的全部知识为前提”，那么笛卡尔根本就不可能写成。这“最后的果实”毋宁是全部知识规划的一个最终的“悬设”。并且，一种完全基于自然研究的道德学难道不和机械学、医学一样，本质上只是一门技术？因此，真正的规范性并非来源于尚未完成的道德学，或者笛卡尔在《谈谈方法》第三部分订下的四条 morale par provision［临时的道德］，而在于整个知识规划本身。

笛卡尔仍然像古代哲学家一样把全部知识体系总称为哲学，可是意味已然大不相同。笛卡尔的“实践哲学”恰恰没有为古代的实践哲学留下位置，而是将之悄然排除在外了，可这种排除本身有着强烈的实践哲学意义。人类的福祉不在于沉思生活的至高幸福，也不在于政治和伦理领域的善，前者在笛卡尔看来不足为外人道，后者在缺少自然研究的支撑时言人人殊，反倒引起更多的纷争。笛卡尔的实践乃是制作，他使制作具有了“实践”品格。笛卡尔的知识规划就是他的大政治，其伦理目标在于“为人类谋福祉”，不过，“何为人类福祉”仍然有待规定。

五、笛卡尔的道德：健康之为首善

与虚悬最高枝的道德学不同，机械学和医学的果实是实实在在、触手可及的。因此，笛卡尔的自然研究主要指向机械学和医学这两个领域，（1）机械学服务于人对外部自然的控制；（2）医学服务于人对身体性本己自然的控制。无论内外，自然学这个时候就成了机械学，不但自然学的指向是机械学（笛卡尔把身体作精密机器来看待，医学只是一种特殊的机械学），而且也把自然作为机械来研究（关注动力因）。古代知识体系中自然与人为的对立事实上被颠覆了，现代人转而用机械的方式来操纵自然，科学又以发展控制自然的技术为目的，一切都被还原为技术问题。笛卡尔的知识规划已然拉开技术时代的序幕，只不过，技术时代的“强力和无力”、种种问题和病症，只有在这幕世界历史戏剧的最终阶段才充分显现出来。我们也可以在这个意义上把技术时代称为晚期现代，现代性在我们身处其中的技术时代趋于完成。

有关医学，笛卡尔接着说：“我们可以指望的，不仅仅是发明无数的设备，使得我们可以轻松地享受大地的果实以及在此出现的各种便利，而且更重要的还是保持健康，健康无疑是此生主要的善（le premier bien）以及所有其他善的基础。因为，甚至心灵都是如此依赖身体器官的气质与布局，以至于我认为，如果有可能找到某些方法使得人总体上变得比目前更为聪明，更加灵巧，那我们就必须在医学里去寻找它。”[1] 笛卡尔的革命蕴含着一种通过医学来改造人类生命状况的规划，可以说，他已经对直到今天仍然在推进、正在全力推进的生命科学和生物技术做出了总规划。与身心二元论看似矛盾的是，他强调心灵“依赖身体器官的气质与布局”，不但人类的身体健康、延年益寿，而且心理健康和心智水平的提高都基于医学的进步。[2] 这种笛卡尔式医学规划，无论就其已然取得的成果，还是就其所展现出来的广阔前景而言，都是惊人的。

而更为惊人的是，笛卡尔把健康推崇为“主要的善”和“所有其他善的基础”。对于这种断言的惊人之处，只有对比

---

① 笛卡尔：《谈谈方法》，载《笛卡尔主要哲学著作选》，李琍译，华东师范大学出版社，2021，第 46 页。

② 在《谈谈方法》中，笛卡尔接着说：“在现今的医学当中有显著疗效的成分确实很少，可是我毫无轻视医学的意思。我深信：任何一个人，包括医务人员在内，都不会不承认，医学上已经知道的东西，与尚待研究的东西相比，可以说几乎等于零；如果我们充分认识了各种疾病的原因，充分认识了自然界向我们提供的一切药物，我们是可以免除无数种身体疾病和精神疾病，甚至可以免除衰老，延年益寿的。”（笛卡尔：《谈谈方法》，王太庆译，商务印书馆，2015，第 49—50 页。）有关身心关系的更为复杂的论述，要参看《灵魂的激情》，这里不再赘述。有关笛卡尔的身体观与现代医学观念之间的关系，以及现代医学之技术性，可参看萧拉瑟的论述：“这种理念的出发点就是将我们的身体视为一种机器，因而疾病无异于机器的故障，医治的过程就是修复损毁的部分，医生等同于以处方为工具的技工……至今我们的医学大体上以此为框架，而这个模式正是发轫于笛卡尔时代。”（萧拉瑟：《笛卡尔的骨头》，曾誉铭、余彬译，上海三联书店，2012，第 21 页。）

亚里士多德的伦理学，才能有深切的体会："善的事物已被分为三类：一些被称为外在的善，另外的被称为灵魂的善和身体的善。在这三类善事物中，我们说，灵魂的善是最恰当意义上的、最真实的善。"① 亚里士多德的幸福概念囊括一切善于自身，并形成了诸种善的等级秩序。在这个秩序中，快乐、运气等外在的善虽然也是幸福的组成要素，但只有伴随和附属的性质；健康是身体的善，固然构成不可缺的条件，可不能成为目的本身；更高的、更主要的是灵魂的善，这种善被称为"德性"。以"德性"为"健康"之上的更高的善，这不仅是亚里士多德的伦理观点，而且构成了古代世界绝大多数思想家的基本共识。

"德性"可谓古代伦理学说的核心概念。当笛卡尔把健康推崇为"主要的善"和"所有其他善的基础"，他对传统的道德哲学做了惊人的颠覆。有关于此，我们从笛卡尔的某些零星论述中也能看出蛛丝马迹。比如，在《谈谈方法》第一部分，当他列举各门学问的时候，紧接着数学，他谈的正是古代的道德学说："相反地，古代异教学者们写的那些讲风化的文章好比宏伟的宫殿，富丽堂皇，却只是建筑在泥沙上面。他们把美德捧得极高，说得比世上任何东西都可贵；可是他们并不教人认识清楚美德是什么，被他们加上这个美名的往往只是一种残忍，一种傲慢，一种灰心，一种弑

---

① 亚里士多德：《尼各马可伦理学》，廖申白译，商务印书馆，2003，第21—22页。

上。”①这难道不是对古代道德学说的全面颠覆？至少是对古代德性论的辛辣嘲讽。从形式到内容，从论点到论证，传统德性论都被贬得一无是处。与普遍数学之奠基地位相反，作为古代实践哲学核心要义的德性论是“泥沙上的宫殿”，并且内里还是各种恶习。当然，笛卡尔在《灵魂的激情》等著作中仍然采用德性和幸福等古代道德哲学概念，笛卡尔也追求“灵魂的平静”，也要成为“激情的主人”，可他无疑用自然主义的眼光看待“灵魂的激情”，他的知识规划把人类福祉的改善寄托在科学和技术而非政治和道德。

因此，笛卡尔之所以要写作，首先和他的实践哲学观点根本相关。其次，也与这种自然研究的实验特质有着根本关联。哲学史的叙事惯于把笛卡尔和培根相并列，一个提倡演绎，一个提倡归纳。可这是简化的看法，笛卡尔反对的是未筑地基先盖楼房，可在地基之上他同样重视实验。笛卡尔一个人无法完成这场革命，因为“受到生命之短暂或经验之缺乏的阻碍”，而这种知识又只能通过实验去一点点累积：“这些实验非常繁重，数量非常庞大，我只有两只手，只有那么一点收入，纵然再多十倍，也无法把它们做完。”②在这个意义上，正是这种自然研究的实验特质，在内在地要求笛卡尔写作。他要通过写作来招募热切于人类福祉的志愿者，由此形成一个替代政治家和神父的科学研究和技术创制群体，

① 笛卡尔：《谈谈方法》，王太庆译，商务印书馆，2015，第7—8页。
② 同上，第51页。

应对广阔的未来图景："我要求一切有志为人群谋福利的人，也就是那些并非沽名钓誉、亦非徒托虚名的真君子，把他们已经做出的实验告诉我，并且帮助我研究如何进行新的实验。"① 在这个根本主旨上，笛卡尔和培根的看法是一致的。

而他们之所以重视实验，根本还在于他们主张用科学技术的进步取代政治道德的教化和约束。因此，我们不妨引用培根的一段话来总结现代开端处的实践哲学规划："历代对于发明家们都酬以神圣的尊荣；而对于功在国家的人们（如城国和帝国的创建者、立法者、拯救国家于长期祸患的人、铲除暴君者，以及类此等人）则至高不过谥以英雄的尊号。人们如正确地把二者加以比较，无疑会看出古人的这个评判是公正的。因为发现之利可被及整个人类，而民事之功则仅及于个别地方；后者持续不过几代，而前者则永垂千秋；此外，国政方面的改革罕能不经暴力与混乱而告实现，而发现则本身便带有福祉，其嘉惠人类也不会对任何人引起伤害与痛苦。再说，发现可以算是重新创造，可以算是模仿上帝的工作。"② 在培根看来，发明家或技术专家的尊贵远在政治家之上，因为与政治的纷争相比，技术进步所带来的益处是永恒且普遍的。不是有益于一个民族，而是有益于人类；不是

① 笛卡尔：《谈谈方法》，王太庆译，商务印书馆，2015，第 51 页。

② 培根：《新工具》，许宝骙译，商务印书馆，1986，第 102 页。培根和笛卡尔都持有一种以科学和技术"为人类谋福祉"的伦理观点，在这个根本观点上，他们是一致的。

在有益的同时难免带来损害，而是有百利而无一害。不但如此，技术进步将人提升至创造的地位，有似于造物主一般的伟大而神圣。

不过，对于培根的论述，我们要补充说，这并非“历代”的共识，而是培根和笛卡尔的共同筹划所开启的现代性观点，是培根和笛卡尔式实践哲学的价值重估。并且，从技术时代的困境反观这场伟大的现代科学革命，我们还得补充说，技术并非单纯的工具。对于培根的百利而无一害的承诺，我们要做出切实的重估。我们同样也要重估笛卡尔的思想伟业和远大图景。“我思故我在”，我们通常视之为古代哲学之沉思品格的回声，因此往往忽视了其中所蕴含的实践指向，忽视了笛卡尔式沉思对哲思之实践品格的悄然呼召，和这声呼召的立法性质。

第九章　主体的安放

——从笛卡尔式怀疑到塞尚的怀疑

一、引论

迄今为止的论述不无一种晦暗的色彩。在全书的最后，我们不妨回顾部分论点，简要勾勒这片晦暗，为一种更为光明的论述充当引论。第一章论述了本书的一个核心观点，即技术工具论乃是技术时代的一大成见。现代技术不是服务于人类福祉的工具，而是一个将人本身纳入增长逻辑的世界系统。我们因此不能泛泛地谈论技术问题，而是要把技术的古今之别纳入技术时代的历史哲学话语，要用不同的范畴去言说古代和现代技术。我们事实上由此驳斥了技术中立论和技术乐观主义，因为这两种流行的看法都以技术工具论为基本预设。如果现代技术不是单纯的工具，而是以工具性外表悄然改变了我们的生存方式，支配着我们的欲望对象乃至想象对象，那么技术就不是中立的或价值无涉的，我们对于现代技术不断加速的更新迭代也就不能简单地报以乐观主义态度。

以系统性能的增强替代一切规范性话语、以此完成自我合法化的系统论于是可谓技术时代的元叙事。第二章对利奥塔的重读意在把技术时代放在更大的思想史视野中去考察，事实上也由此提出了一种视角远为宽阔的元叙事。为了避免对于“后现代”的流行误解，利奥塔在1986年做了一场“重写现代性”的报告，用“re［重］”替代“post［后］”：“后现代并非一个新的时代，而是对现代性所承认的某些特征进行重新书写，而首先就是重新书写现代性的这一企图，即想要通过科学和技术建立筹划人类整体解放的合法性。”①我们“重读”利奥塔，将之读作“技术时代的元叙事”，所针对的也正是这一“通过科学和技术建立合法性”，“筹划人类整体解放”的现代性规划。不过，尤其要强调的是，反思科学，强调科学之为资本—科学—技术系统，并不是简单地反科学或提倡非科学，而是要指出科学知识的界限和叙事知识的意义。我们的“技术时代论”也在这个意义上试图提出一种新的叙事。只有重启科学知识与叙事知识的二元争执，我们才能看清现代思想的谱系，也才能意识到叙事的瓦解带来的深刻危机：世界仿佛从此失去了深度，韦伯名之曰“祛魅”。世界变形为一个“合理化的牢笼”。

① 利奥塔：《非人：漫谈时间》，夏小燕译，西南师范大学出版社，2019，第50页。

第二部分的三章正以有关于此的生存问题为着力点，借用尼采的目光审视技术时代的生存现实。在承认现代技术的惊人成就的同时，尼采从人工智能中看到了人工愚蠢和人工无聊，从技术所提供的便利中看到了非人格化的危险。从尼采的视角来看，我们时代的超人类主义者并未超越人本主义的价值追求，而只是超越了这种价值追求的实现手段，即从教育手段提升为技术手段。① 超人类主义或其他技术乐观主义者所信奉的实为末人的价值观。所谓“末人”是和“超人”相对立的理想类型，末人不再追求自我超越，不愿承担超越之苦。末人的追求在于舒适或安逸，因而否认痛苦的意义，追求痛苦的降低。如果沿用技术工具论的言说方式，那么可以说，末人价值在现代技术中找到了自身的实现手段。如果改用技术系统论或技术时代论的言说方式，那么可以说，性能增长的逻辑从根本上抹去了超越于系统自身的价值追求，支配着当下的生存形式。技术时代就是末人时代。单就物质而言，人类不曾如此舒适地生活，而人类对舒适生活的需要也不曾如此巨大。技术时代的强力与无力一体两面。于是，

---

① 超人类主义（transhumanism）与当下同样流行的后人类思潮并非一回事，超人类主义意欲借助技术手段改进人类，而后人类思潮要克服人类中心主义世界观。如论者所言：“20 多年来，克服人类中心主义一直都是批判的后人类中心主义（critical posthumanism）的中心议题。”（佐尔坦·西蒙：《批判的后人类主义与技术后人类》，张峻译，载《社会科学战线》2020 年第 8 期，第 18 页。）“超人类主义”事实上只是“人本主义”的强化版，意在通过 21 世纪的技术手段实现 18 世纪的人本主义理想。

无论技术如何进步，我们仍然深处现代性的困境之中。

二、还原论的强力与无力

为了突出这样一种晚期现代性的处境，我们效仿海德格尔、本雅明等思想家的做法，把自身所处的时代称为“技术时代”。技术时代最醒目的特点，就是人类前所未有的强大并且迷信自己的强大，人类似乎从未如此自信，我们把自己的希望寄托于这种强大。可在另一方面，当下社会其实又显现出一种极度的无力感。这是我们谈技术时代的时候容易遗忘的一面，是这个时代的阴暗面。技术时代最大的特点不是单单的强力，而是强力与无力的一体两面。

为何会这样呢？在此不妨采取一个总括的说法。首先，现代的强力基于一种抽离、简化和均质化的还原论逻辑。还原论问题是技术时代的哲学问题。因为只有经过还原论的处理，事物之间、人类欲求之间、不同层次的现象之间的质的差异才能够被抹平，从而在量的层面得到有效的计算和处理，也由此被纳入技术系统。无论是在自然领域还是在社会领域，现代性的强力都基于此。

然而，当一切都服从可量化的增长原则，生命和事物注定变得日益空洞乏味。本雅明曾敏锐地注意到，“复制技术使所复制的东西从其传承关联中脱离了出来”。[①] 我们可以

① 本雅明：《机械复制时代的艺术作品》，载《艺术社会学三论》，王涌译，南京大学出版社，2017，第 51 页。

反过来说，技术时代在将人从具体、特殊的传统关联中抽离出来，置入系统的增长逻辑之时，制造了复制性人格。本雅明说，事物因此丧失了“灵韵”；我们同样可以说，人因此有着丧失“灵魂”的危险。尼采所谓“普遍奴隶化”，海德格尔所谓“被订置状态”，与马克思所分析的“现代资产阶级的生产方式”，讲的都是这样一个“力”的增强和“灵”的丧失的故事。

对于这样一种抽离和均质化的历史进程，马克思在《共产党宣言》中有着宏伟而简洁的描述。人的抽离乃是人被简化为一个个欲望的和逐利的原子，“一切神圣的都被亵渎了”；人与人之间关系的均质化乃是一切人际关系被简化为利益关系，“一切坚固的东西都烟消云散了”。①如果说马克思的关注点主要在于这种新型社会关系的政治潜能，那么西美尔所关注的就是这种新型社会关系的文化心理意义。他在以货币为媒介的现代生活中辨别出了一种主客关系的简化：“现代人用以对付世界，用以调整其内在的——个人的和社会的——关系的精神功能大部分可称作算计的功能。这些功能的认知理念是把世界设想成一个巨大的算术题，把发生的事件和事物中质的规定性当成一个数字系统。”②现代生活训练人搁置情感，以冷静的计算面对各式事物，因为重

---

① 马克思、恩格斯：《共产党宣言》，人民出版社，1997，第30—31页。

② 西美尔：《货币哲学》，陈戎女、耿开君、文聘元译，华夏出版社，2018，第472页。

要的不是事物本身，而是其交换价值。于是，现代生活方式蕴含着一种普遍的冷漠。和前现代人相比，现代人因而不易冲动。情感和意志毋宁被理智所压抑，与物性的抹平和苍白相伴随的是厌倦（blasé），而后者可谓现代都市生活基本情绪："带着一丝绝望感，他意识到事物和人已经取得了商品的地位，而他的态度又内化了这一事实。"[①] 和马克思一样，西美尔也在这种"人与事物关系的简化"中，看到了现代的强力，不过他更多地看到其无力的一面。西美尔的思想因此有着悲观主义的底色，从西美尔到本雅明，所映现的是现代性的忧郁。

可仅仅停留于现代性的忧郁也是片面的。只有同时看到技术时代的强力与无力，我们才有更为整全的视野；只有提炼出技术时代把质简化为量的还原论逻辑，看到强力与无力之共属一体的根据所在，我们才有更为深刻的洞识。事实上，还原论亦可谓技术时代的方法论，涵盖了现代世界的方方面面，从"物"到"人"，再到"人与人的关系"，"人与物的关系"，一切都在简化中获得其全新的面貌。货币抹去了物品的异质性，利益抹去了生活的异质性，神经系统抹去了精神的异质性，基因和细胞抹去了身体的异质性。经过种种"有效的"简化程序所建立的均质世界，抹去了各种异质性要素，生出一种令人不安的窒息感，一种空虚渺茫的无力感。然而，

① 卡其亚里：《建筑与虚无主义》，杨文默译，广西人民出版社，2020，第 12 页。

这样一种还原论的建立首先恰恰出于主体性的追求。

三、笛卡尔式怀疑：主体的安放

这种主体性追求清晰地表现在现代哲学的奠基时刻，表现在笛卡尔“彻底从头做起、带头重建哲学的基础”① 的著名怀疑当中。笛卡尔的怀疑是方法性的，他意在通过这样一道彻底的怀疑程序找到无可怀疑的地基：“那些曾经跑到我们心里来的东西也统统跟梦里的幻影一样不是真的。可是我马上就注意到：既然我因此宁愿认为一切都是假的，那么，我那样想的时候，那个在想的我就必然应当是个东西。我发现，‘我想，所以我是’这条真理是十分确实、十分可靠的，怀疑派的任何一条最狂妄的假定都不能使它发生动摇，所以我毫不犹豫地予以采纳，作为我所寻求的那种哲学的第一条原理。”② 引文中的“我想，所以我是”也就是通常所谓的“我思故我在”。这样一个豁免于任何存在怀疑的“思想

---

① 黑格尔：《哲学史讲演录》第四卷，贺麟、王太庆译，商务印书馆，1996，第 63 页。

② 笛卡尔：《谈谈方法》，王太庆译，商务印书馆，2015，第 26—27 页。有关笛卡尔式怀疑的方法性质，学界早有定论，可参看著名的笛卡尔研究者柯廷翰（John Cottingham）的表述：“笛卡尔当然不是怀疑论者（尽管有人这样指责他）；他纯粹是将怀疑当作达到目的的手段来运用，以摧毁不可靠的‘先入之见’，并清除结论中的碎石烂瓦，以便建立一个确定性基础。”（柯廷翰：《笛卡尔：形而上学和心灵哲学》，载帕森斯主编，《文艺复兴和 17 世纪理性主义》，田平等译，中国人民大学出版社，2009，第 242 页。）

之我”抽离于身体和世界的羁绊：“发现我可以设想我没有形体，可以设想没有我所在的世界，也没有我立身的地点，却不能因此设想我不是。”① 抽离于世界的自我由是获得了认识论上的优先性和存在论上的自主性，却也有了安放的困难。②“我思故我在”，可是我“在”哪里？我可以安顿于何处？这是我们在技术时代回望现代哲学的奠基时刻，不得不提出的反思性问题，也是当下的哲思者必须直面的生存性问题。

“思想之我”又因其怀疑品格而不完满，而在存在论上

---

① 笛卡尔：《谈谈方法》，王太庆译，商务印书馆，2015，第 27 页。

② 所谓“存在论上的自主性”是指其从感官中超拔出来独立自存的实体性。所谓“认识论上的优先性”，指的是“我思故我在”在这个普遍的怀疑程序中首先被确定为不可怀疑，其余的真理要在此之上才能被确定。这个提法是对笛卡尔的辩护所做的一种总结。就同时代人针对“我思”之“优先性”的反驳，他在《哲学原理》中做了简短的回应：“当我说‘我思考，于是我存在’，这个命题是呈现给所有以有序方式研究哲学之人的最原初、最确定的命题。”（笛卡尔：《笛卡尔主要哲学著作选》，李琍译，华东师范大学出版社，2021，第 166 页。）不过，20 世纪的哲学对这种“优先性”提出了方方面面的质疑，除了本文着重讨论的梅洛-庞蒂的感知论对身心二元论的批判，维特根斯坦的“私人语言论证”也对笛卡尔的路径构成了严峻的挑战：“在他著名的‘私人语言论证’中，维特根斯坦所要表明的是，对于在任何语言中都有意义的术语来说，必须存在一个公共标准，来确定它的正确使用。但是，如果我们将这种结果运用于笛卡尔式的沉思者，它似乎就会摧毁他的整个计划。因为这项计划要求沉思者怀疑自己之外的任何事物和任何人的存在，以便达到对自身存在的主体性认识。”（柯廷翰：《笛卡尔：形而上学和心灵哲学》，载帕森斯主编，《文艺复兴和 17 世纪理性主义》，田平等译，中国人民大学出版社，2009，第 245 页。）

推导出了完满的无限实体，此即上帝。现代哲学之父看似尚未脱离经院哲学的话语系统，可他事实上由此改造了上帝的观念，使之成为思想之现实性或“我思”之“优先性和自主性”的最终保证：“我相信，如果不设定神的存在作为前提，是没有办法说出充分理由来消除这个疑团的。因为首先，就连我刚才当作规则提出的那个命题：‘凡是我十分清楚、极其分明地理解的，都是真的’，其所以确实可靠，也只是由于上帝存在或实存，上帝是一个完满的存在者……如果说我们常常有一些观念包含着虚妄，那就只能是那些混乱模糊的观念，因为它们从不存在者分沾了这种成分；也就是说，那些观念在我心里那样模糊，只是由于我们并不是十分完满的。”[①] 笛卡尔的上帝实存证明实为一种上帝属性规定。作为完满的存在者，“怀疑不定、反复无常、忧愁烦闷之类事情，神那里都不可能有，因为连我自己都很乐意摆脱它们的”。[②] 显然，《圣经》中的上帝并不完全符合笛卡尔对于上帝属性的形而上学规定。笛卡尔事实上通过这样一种上帝属性的规定确立了理性的“自然之光”相对于其他一切知识来源的绝对优先性：（1）相对于经院哲学教条和一切神学教条的优先性；（2）相对于古希腊哲学权威的优先性；（3）相对于日常感知的优先性。

这种优先性确立了现代主体，也蕴含着还原论的基本逻

① 笛卡尔：《谈谈方法》，王太庆译，商务印书馆，2015，第 32 页。

② 同上，第 29 页。

辑。在《第一哲学沉思录》中，笛卡尔让我们跟随着他的怀疑目光去看一块蜡："举一块刚从蜂房里取出来的蜡为例：它还没有失去它含有的蜜的甜味，还保存着一点它从花里采来的香气；它的颜色、形状、大小，是明显的；它是硬的、凉的、容易摸的，如果你敲它一下，它就发出一点声音。"①一切仿佛平淡无奇，这正是我们日常感知中的一块蜂蜡。可与其说笛卡尔在描绘这块蜡，不如说，他在描绘我们的日常感知。紧接着，他开始转动怀疑的目光，逐步瓦解我们的日常感知的真实可靠性："可是，当我说话的时候，有人把它拿到火旁边：剩下的味道发散了，香气消失了，它的颜色变了，它的形状和原来不一样了，它的体积增大了，它变成液体了，它热了，摸不得了，尽管敲它，它再也发不出声音了。在发生了这个变化之后，原来的蜡还继续存在吗？必须承认它还继续存在；而且对这一点任何人不能否认。"②感知的稳定性被怀疑的目光瓦解了，于是，蜡的真实存在根本就不在于日常感知所通达的那些物性，而在于思维所通达的数学性质："凡是落于味觉、嗅觉、视觉、触觉、听觉的东西都改变了，不过本来的蜡还继续存在……把凡是不属于蜡的东西都去掉，看一看还剩些什么。当然剩下的只有有广延的、有伸缩性的、可以变动的东西。"③所有非广延的属性

①② 笛卡尔：《第一哲学沉思集》，庞景仁译，商务印书馆，1996，第29页。

③ 同上，第30页。

都基于混乱的、不可靠的感知，只有心智所通达的广延才是实体。笛卡尔的怀疑正是一种还原的程序，这还原的剩余物是“理智或精神才能领会”之物：“那么只有理智或精神才能领会的这个蜡是什么呢？当然就是我看见的、我摸到的、我想象的那块蜡，就是我一开始认识的那块蜡。可是，要注意的是对它的知觉，或者我们用以知觉它的行动，不是看，不是摸，也不是想象，从来不是，虽然它从前好像是这样，而仅仅是用精神去察看。”① 肉身之眼由是转化为精神之眼，那块始终变化、因而不可捉摸的蜂蜡也由是被确定地把握。在这两个“由是”之中，看似纯粹的“我思”隐隐散发出权力意志的气息。

笛卡尔之所以不厌其烦地描绘他对一块蜡的察看，是要训练读者像他一样去看，这种独特的“看”悬置了感官世界的丰富多彩，确立了无性质差别因而也无中心可言的广延之为世界的根本存在样式：“我在这里关于蜡所说的话也可以适用于外在于我、在我以外的其他一切东西上。”② 思维之我“看”到了一个清晰平滑的广延世界，一个通过量上的计算就可以洞察、也仅仅通过量上的计算才可能洞察的世界，“世界”现象的丰富性却在开端处就被弃置一旁了。如科学史家柯瓦雷所言：“笛卡尔的世界，绝不是亚里士多德的那

---

① 笛卡尔：《第一哲学沉思集》，庞景仁译，商务印书馆，1996，第30—31页。

② 同上，第33页。

个丰富多彩的、形式多样的、质上井井有条的世界，即我们的日常生活世界和经验世界（这个世界仅仅是一个充满了不牢靠和不一致意见的主观世界，这些意见所基于的乃是混乱而错误的感官知觉所提供的不真实的证据），而是一个完全均一的数学世界、一个几何世界。”① 对于这样的一个只有广延和运动的世界，我们能有清晰、确定的知识，因为它根本上只是一个数学的构造。从中世纪到现代的自然观由是发生了根本的转变，基于这种自然观的科学发展不是一种简单的经验累积，而是库恩所言的“范式转换”。现代科学的发展当然没有停留于笛卡尔的时代，没有简单地将世界现象弃之不顾。可将质上的差异还原为量上的计算，是一切科学事业的努力方向，后来也成了一切经济事业的努力方向，两者最终会流于当下的资本—科学—技术系统。不能被恰当还原者，也就成了这样一套思想程序的另一种剩余物而被排除在“知识”和“存在”之外了。

我们之所以不厌其烦地引用笛卡尔对一块蜡的描绘和察看，是要察看现代哲学开端处的还原论思维，察看还原的过程中遗漏了什么。抽离于身体感知的理性自我和抽象于感性特征的广延世界，是这种还原的第一类剩余物，是笛卡尔式沉思所获得的答案。可在此之外，还有第二类剩余物，即被还原所弃之不顾的那一部分自我与世界。由此所得的知识

---

① 柯瓦雷：《从封闭世界到无限宇宙》，张卜天译，商务印书馆，2017，第 109 页。

无论如何精确，都无法通达真正的自我认识。就像巴塔耶说的那样，“令笛卡尔感到自豪的科学，尽管能完备地回答所有它自己有规律地提出的问题，却最终把我们留在非知之中。”①

四、观看的隐喻：从“笛卡尔的蜡”到“梅洛-庞蒂的蜜”

哲学史的情形与艺术史极为相像。事实上，思想的事业与视觉的事业在现代性的道路上几乎同步前行，是一种时代精神的两种反映。文艺复兴的透视法也通过观看主体的稳定视角确保了被观看之物立体而清晰的呈现。当然，在单焦点透视法之外，还有两点、三点透视等各种演变形态，可就其构造稳定视角来在二维画面营造三维效果而言，就其用几何学来构造我们的视觉和物体的呈现而言，这当中的主体性姿态是一以贯之的。这种主体的安放同时是一种驱逐，真实而丰富的视觉被排除在外了。塞尚所开启的绘画革命正是要冲破这样一种主体的安放，将被驱逐的交缠和暧昧、丰富和生动重新纳入视野。

对于哲学史和艺术史的这样一种关联，法国哲学家梅洛-庞蒂有着至为深入的考察，他的名篇《塞尚的怀疑》尤其蕴含着深刻的洞见。我们不妨对照着“笛卡尔的怀疑”

---

① 巴塔耶：《内在经验》，程小牧译，生活·读书·新知三联书店，2017，第196页。

对这篇“塞尚的怀疑”做一番分析，藉此探寻另一种安放之道。

梅洛-庞蒂指出，古典绘画与科学一样对我们的“世界观”做了抽象和简化：“画家并不是在给出物体呈现给画家的尺寸、颜色和外观，而只是在试图给出物体为传统绘画规则所规定下的尺寸和外观，也就是说，当把目光投注于地平线上某一个固定的点时，当风景画中的一切线条都因而从画家出发奔向这个点时，物体所呈现出的尺寸和外观。如此这般画出来的风景就会显得平静、端庄而可敬，因为这些风景是被一个投注于无限远处的目光所固定住的。这些风景是与我有一段距离的，观看者是没有被卷入其中去的，这些风景是彬彬有礼的。”① 视点的固定确保了古典的宁静、秩序与和谐，但这种观看是不自然的，是一种技术化处理之后的“分析性的看”，“这般再现出的风景宰制住了自然的看之动态的开展，并且，这般再现出的风景还取消了这自然的看之律动和生命本身。”②“自然的看”不是发生于安全的距离，而是发生于世界对我的触动之中。我不是位于画面之外，而是置身其中。梅洛-庞蒂把这样一个世界称为“知觉的世界”，而置身于这样一个世界的“我”也是“活的身体”(le corps vivant)。具有优先性的并非思维，而是感知。

① 梅洛-庞蒂：《知觉的世界》，王士盛、周子悦译，江苏人民出版社，2019，第 19—20 页。

② 同上，第 21 页。

梅洛-庞蒂并不敌视科学，事实上他对于现代心理学各流派有着相当专业的了解。甚至可以说，在成为专业哲学家之前，他就是一位心理学家。1949—1952年，他还曾担任索邦大学儿童心理学教授，当他1952年被任命为法兰西学院哲学教授的时候，接任该教职的是皮亚杰。梅洛-庞蒂强调科学的成就基于一种“分析性的看”，主体性观看者，相应地如笛卡尔式怀疑中所显示的那样，被设想为与身体相分离的精神。可这根本上背离了我们原初的世界经验，是一种抽象和简化。如前所述，这种抽象和简化造成了现代科学的强力。可我们也因此远离了“原初经验”，遗忘了先于科学构造的那个丰盈而灵动的“知觉的世界”。

有趣的是，为了形容这样一种新的观看方式，梅洛-庞蒂举了个与笛卡尔针锋相对的例子：“蜜是一种黏滞的液体；它有一定的凝聚性，故可抓可拿，但被抓住后很快就会不知不觉地从指缝中溜出并复又归拢为自身一体。它不仅仅在被型塑后会立刻就把此塑形破掉，而且还会把角色颠倒过来：明明是手去抓它，却是它抓住了手。”① 这一段关于蜂蜜的描述具有丰富的隐喻意味。一方面，主体在此不再安稳地立于画面之外作带距离的观看，而是黏连于世界之中，卷入主客争执。另一方面，梅洛-庞蒂接着引用萨特在《存在与虚无》中的话强调：“蜜是甜的。然而，甜‘这一难以磨灭

① 梅洛-庞蒂：《知觉的世界》，王士盛、周子悦译，江苏人民出版社，2019，第30—31页。

的柔和感，这一在吞咽之后依然无限地停留在口中的柔和感'作为一种味觉，以及粘连感作为一种触觉，这两种感觉所体现的是同一个黏糊糊的存在。”① 从“笛卡尔的蜡”到“梅洛-庞蒂的蜜”，我们可以看到，事物的存在不再能够脱离我们的身体性感知，并且这种感知的原初性就在于，触觉和视觉，甚至听觉和味觉处于未分的、一体的通感之中。这样一种先于区分、主客黏连的经验也就是他所谓的“原初的经验”，如此呈现出的世界才是一个本源而生动的“知觉的世界”。

梅洛-庞蒂相当了解现代科学的发展，他也认为，现代科学的发展，如相对论，如认知心理学等，本身就在解构古典科学的世界观。可在梅洛-庞蒂看来，这首先是现代艺术尤其是塞尚开启的绘画革命的成就：“在尝试着去重新激活那个被层层叠叠的知识及社会生活沉淀物所掩盖起来的知觉的世界时，我们常常诉诸绘画，因为绘画会径直将我们放回被知觉的世界。”② 他说，塞尚和毕加索他们几乎“血淋淋地”让物呈现在我们面前，就此而言，绘画具有真理性。塞尚在绘画上的成就在他看来也就具有了一种极为重要的哲学意义。

五、塞尚的怀疑

从前期代表作《知觉现象学》，直到最后的长文《眼与

---

① 梅洛-庞蒂:《知觉的世界》，王士盛、周子悦译，江苏人民出版社，2019，第 32 页。

② 同上，第 75 页。

心》，塞尚都是梅洛-庞蒂最引为典范的艺术家。我们在此无意于对梅洛-庞蒂的塞尚论述做一种系统的综述，而是围绕梅洛-庞蒂的名篇《塞尚的怀疑》(1945)着重论述塞尚艺术的哲学意义，藉此探寻安放之道。之所以选择这一篇，一方面自然是因为梅洛-庞蒂在此对塞尚做了最为系统的论述，另一方面，也因为这篇《塞尚的怀疑》仿佛针对"笛卡尔的怀疑"而作。至少，我们可以通过解读《塞尚的怀疑》来回应"笛卡尔式怀疑"，探索一种非主体性的安放之道。

塞尚的怀疑在这篇文章中有着多重含义，其中最核心的在于他对一系列笛卡尔二分法的怀疑："塞尚并不认为应当在感觉和思想之间做出选择，一如在混乱和秩序之间抉择。他不愿把显现于我们眼前的固定物体与它们游移不定的显现方式分离开来，他希望描绘的是正在被赋予形式的物质，是凭借一种自发的组织而诞生的秩序。"[①] 如前所述，笛卡尔式怀疑通过一系列二分法，将原初现象切割成了第一类剩余物，建立了"一个根据基础性的主客二分法而得到安排的存在体系"[②]。作为理性存在者，人确立了主体地位，成了一个真实世界的稳定根基，可人也因此被还原为"纯粹主体"，实存的真切性和整全性、原初世界现象的生动性和丰富性都

---

① 梅洛-庞蒂：《意义与无意义》，张颖译，商务印书馆，2019，第10页。

② Jessica Wiskus, *The Rhythm of Thought*, The University of Chicago Press, 2013, p. 15.

在这种成为"纯粹主体"的还原之中被切割和压抑、谴责和丢弃了。从"纯粹主体的视角"所建立的这个世界首先是一个简化的世界，其次是一个真实的人类不能在其中安放自身的世界。打破二分法于是意味着瓦解纯粹主体及其所构造的世界，通过感知的世界性恢复感知者的肉身性，而世界也因此恢复了自身的游移、暧昧。"他们是在制作图像，而我们意在一片自然。"① 塞尚的这句名言同样可以用来概括梅洛-庞蒂在知觉现象学上的努力。

塞尚对这种"简化的世界"的打破，在绘画上有着诸多体现，比如他对轮廓线的处理："物体的轮廓线，即被设想为包围物体的一条线，同样不属于可见世界，而属于几何学。假如用一条线标划出一只苹果的轮廓，那是将之变成一物，而这条线是一条理想的界线，趋向于界线的苹果各面的深度逐渐消失。不标划任何轮廓线，会取消物体的同一性。只标划单个轮廓，则会牺牲深度……目光从一个轮廓线退回到下一个，把握到所有轮廓线之间生成的一个轮廓，一如目光在知觉中所做的那样。"② 塞尚所画的苹果于是将观者带入一种灵动的生成，同一性不是被取消了，而是在极为丰富的差异中成其自身。从绘画的角度来说，塞尚以此大大拓展了

① Maurice Merleau-Ponty, *Sense and Non-Sense*, translated by Hubert L. Dreyfus & Patricia Allen Dreyfus, Northwestern University Press, 1964, p. 12.

② 梅洛-庞蒂：《意义与无意义》，张颖译，商务印书馆，2019，第11—12页。

画面的丰富性，每一个局部都是惊心动魄的争执、灵韵的流行。从哲学的角度来说，被存在所压抑的生成和被同一所压抑的差异都得到了解放。

另一方面，塞尚怀疑颜色与构型的区分，他“以色造型”。而这种对二元区分的取消，使我们得以重返“原初的知觉”：“我们看见物体的深度、光滑、柔软、坚硬——塞尚甚至说看见它们的气味。如果画家想要表现世界，对颜色的安排就必须携带这不可分割的整体；不然的话，他的绘画将只是暗示出事物，而不会给出事物的绝对统一性、当下在场以及不可逾越的完满性，这完满性对于我们所有人来说就是真实物的定义。”①在被透视法所规制、被哲学家的怀疑所弃置一旁的“感知”中，塞尚发现了一整个意蕴丰厚的世界。这个世界被“分析性的看”所割裂、所宰制，因此而遭漠视、遭离弃。塞尚的意义就在于恢复了这种整全的、原初的“看”，他怀疑传统的“看”、科学的“看”，虽然他“既不否定科学也不否定传统”。②可他要冲破科学和传统对于“看”的限制或规训，梅洛–庞蒂也藉着塞尚的怀疑冲破笛卡尔主义的限制或规训，抵抗这种怀疑所带来的剥离与切割，“返回到那些概念所由来的原初经验，它将它们作为不可分割的东西给予我们。”③

---

① 梅洛–庞蒂：《意义与无意义》，张颖译，商务印书馆，2019，第 12 页。
② 同上，第 14 页。
③ 同上，第 13 页。

然而，主体究竟安放于何处？与笛卡尔式清晰明证不同，梅洛-庞蒂的行文来回于歧义之中。“塞尚的怀疑”不是纯粹主体的“我思”，而是发生于一个真实的生命过程之中，这种怀疑同时是塞尚的自我怀疑，也是同时代人对塞尚的怀疑。此外，还是塞尚对于作品的“创作性怀疑”。文章因此如是开篇：“对他来说，完成一幅静物画需要画 100 次，完成一幅肖像画需要摆 150 个姿势。我们所谓的他的作品，对他来说只不过是其绘画的尝试和接近。”① 当笛卡尔式主体被溶解于真实的生命，我们首先遇到的自然不是任何一种一蹴而就的安顿，而是真实的不安，因为我们不再是那个隔绝于世界的主体，而是向世界开放的自我，于是注定了不安的命运。梅洛-庞蒂在文章的最后对于精神分析和自由意志问题的探讨因此并非离题之言，而是点睛之笔。自我没有割裂于世界，可也没有被世界所吞没。理解自由就是“弄明白自由何以在我们身上显露而同时却不割断我们与世界的联系”。② 这种联系首先是身体性的，也是偶然性的，甚至是创伤性的，是童年的遭遇和成年的挣扎。梅洛-庞蒂于是借鉴了弗洛伊德的方法，可精神分析对于他来说，不再是自然科学式因果说明（这将彻底否定自由意志），而是在捕捉迹象之时所做的生命解释，是一种生命解释学。梅洛-庞蒂在以塞尚的方式描绘塞尚，用文字作了画笔。于是，我们要问的不再

① 梅洛-庞蒂：《意义与无意义》，张颖译，商务印书馆，2019，第 3 页。
② 同上，第 21 页。

是主体安放于何处，而是一个名为塞尚的人如何在不安的怀疑中安放自身？梅洛–庞蒂没有给他心目中的英雄安排一个超然的位置，“他仍需在世界里、在画布上、靠颜色来实现他的自由。”[1] 这种自由不是先验的，也不是一蹴而就的，而是在每一个真实的生命历程中伴随着挣扎的成就，是不安中的安放。

六、结语：非还原论

对于人类控制自然、利用自然的事业来说，还原论是一条穿越密林的捷径。即便陶醉于神秘经验、以迷狂对抗理性的尼采主义者巴塔耶也承认现代科学的辉煌成就：“毫无疑问，科学为我们从各方面理解事物提供了方便，为多种多样的问题带来大量的解决办法。”[2] 可“方便”和“办法”毕竟无法取消也替代不了“复杂”的“事情本身”。还原论不但错失了“原初的经验”，而且还必定会误解思想本身的性质。

笛卡尔式身心二元论是其还原论的后果之一，这种身心二元论虽在二十世纪的哲学史上屡遭批判，却在人工智能的领域获得某种技术实现。有关于此，美国现象学家德雷福斯做过系统考察，他延续海德格尔的生存论分析和梅洛–庞蒂

---

① 梅洛–庞蒂：《意义与无意义》，张颖译，商务印书馆，2019，第 27 页。
② 巴塔耶：《内在经验》，程小牧译，生活 · 读书 · 新知三联书店，2017，第 196 页。

的身体现象学，反思了人工智能的基本预设。① 利奥塔在一篇题为《如果思想可以摆脱身体》的演讲中援引了德雷福斯的观点，我们不妨以之总结这种批判："如德雷福斯所论证的那样，人类思想并不是以二进制的方式思考问题的。思想并不以信息单元（字节），而是以直觉、以假设性构型来运作。它所接受的是不准确的、模糊的材料，这些材料看起来并不是通过预先建立的编码或可读性来选择的。它并不忽视一个情境的侧面效应或边缘方面。"② 换言之，我们不是在身体之外，而是在身体之中思想，我们的思想是"具身性"的，我们的感知也总是浸透着概念。这种"具身性"不但不是思想的负担，而且是人类思想真正的地基。抽象的计算能力是还原论的产物。只要在还原的道路上前进一小步，人类的技术能力就会迈出一大步。可我们如果因此误将自身的生命理解为不够完美的算法，如果因此而以完美的算法来规范生命，那就会错过真正人性的现象，乃至堵塞人性生活的更高可能。主体性的片面追求恰恰会带来主体性的丧失，带来人类在当代数据丛林中的迷失。

---

① 有关于此，德雷福斯写了两部书，其中1972年这一部已有中译：Hubert Dreyfus，*What Computers Can't Do*：A Critique of Artifical Reason. Harper&Row，1972. Hubert Dreyfus，*What Computers Still Can't Do*：A Critique of Artifical Reason. MIT Press，1992. 德雷福斯：《计算机不能做什么？》，宁春岩译，生活·读书·新知三联书店，1986。

② Jean-Francois Lyotard，*The Inhuman*：*Reflections on Time.* Translation by Geoff Bennington and Rachel Bowlby，Polity Press，1991，p. 15.

在人自身的身体感知和思想能力之外，还原论所带来的科学筹划当然更多地把目光朝向了我们所处的世界。在对外部世界的认识和控制上，现代科学的成就更是无可否认。不过，当内部的意义危机和外部的生态危机都已经到了不容忽视的地步，我们不得不反思，现代自然科学在多大程度上简化了自然、压抑了原初的自然现象。只有当我们从感知层面入手，将人解脱于抽象的主体地位、同时将世界解脱于贫乏的客体地位，返回一种生动的人与世界相交织的关系，才能从最为基础的思想和言说的范畴上克服还原论，为走出技术时代的困局做思想的预备。

后　记

本书共有三个论题，分别是“技术时代论”、“技术政治论”和“非还原论”。显然，三者之中，“技术时代论”是囊括一切的总论题。面对技术时代的种种问题，我们首先会想着对技术发展做一种政治的约束，然而这种想法的前提是把政治独立于技术时代的运转逻辑。于是有必要提出“技术政治论”，反思技术时代的政治多大程度上已然是“技术政治”，同时反思上述想法背后的技术—政治二元论预设。这种二元论实为技术工具论的变种，而技术工具论正是技术时代内在要求的、也是一种反思性的“技术时代论”所要批判的成见。

不过，“技术政治论”并未在本书得到充分开展。我在最后定稿时，出于风格上的统一、论证线索的连贯等考虑，删去了有关病毒、全球化、数字化等当下技术政治现象的讨论。因为本书的主题毕竟是“技术时代的哲学问题”，而有关技术政治现象的讨论必定会枝蔓出去、延伸至更具体的论域。尽管如此，第七章《技术时代的政治问题刍议》从技术时代的现实出发，提出了技术政治论的论题，并初步勾勒了相关的论域。而第八章《笛卡尔实践哲学发微》则回溯了技术时代开端处的“技术政治论”。就此而言，技术政治论虽未得到充分开展，可也得到了最为基本的论述。

技术政治论的开展，当有助于我们分析和处理诸多现实问题，或是政治议题、政治职能和政治目标的技术化，或是技术问题的政治化以及相关的应用伦理学讨论。当然，这个层面的开展必定是错综复杂的，并不必然朝向技术时代的克服。对于处在世界体系边缘的发展中国家来说，政治的技术化、迈入“技术时代的门槛”甚至还是发展目标，毕竟，这直接关乎赤裸裸的生存。可对于世界体系的中心区域来说，技术问题的政治化其实已经是摆在眼前的现实问题，而非天方夜谭。比如自动驾驶、安乐死、人类增强、基因编辑、人工智能等领域的伦理边界和立法讨论，在这些地区早已提上日程。而在世界体系的半边缘，在经济一度高速发展可社会整体水平仍然相当不均衡的区域，这两方面的技术政治问题毋宁错综地交织在一起。这是我未能在书中展开的，故而在此略作补论。

在所有三个论题中，相比之下，“非还原论”显得最为薄弱。只有第九章《主体的安放》是有关于此的专题论述。不过，“非还原论”其实是位于全书根底处的基本主旨，是全部哲学反思的真正指向。因为，技术时代论事实上把技术时代的哲学问题总结为还原论问题，而“非还原论”正是这样一种反思为自己所布置的哲思任务。《主体的安放》因此是全书的一个总结，也是这部“技术时代论”之为导论所要指出的思想方向。对于哲学来说，发问是第一位的。《还原与无限》首先是一种发问的努力。这本书之所以题为“还原与无限”，也因为它要通过发问来完成一种摆渡。我得诚实地说，书中对各方面问题的考察仍然不够完备，不过这本书的意图并不在此，而是意在通过这种考察把读者从技术时代的种种碎片化的躁动不安中摆渡到技术时代的运转逻辑和思想前提。所谓“技术时代的运转逻辑”，一言以蔽之，是通过还原而实现一种无限化的强力运转。生动而差异化的自然于是被还原为均质的空间及空间中的均质运动；丰富的生存世界和价值现象被还原为资本的无限增值和单纯的生命延续；人性的激情、人生的爱欲和幸福被还原为快乐的计量。如此等等，都是一个“还原于无限”的过程。“还原与无限”因此就是技术时代的哲学问题。这第一道摆渡当然还只是思想的开端，因此我把这本书的副标题定为“技术时代的哲学问题”。如开篇处所说，这部《还原与无限》因此也是一部别样的或另类的哲学导论，它希望通过这种摆渡性的思想努力提出我们时代的哲学问题。

也因此，《还原与无限》还只是一个预备，从技术时代出发的哲学思考，还需要进一步开拓为一种非还原论的哲学。技术时代的还原论首先以“理知”略过了“感知”现象的丰富和生动，然后将在此基础上实现感知的数字化摹拟，而这也就是所谓的“元宇宙”等商业和技术名词所指向的方向。可如此被摹拟的感知真能以技术手段再造一个现实吗？如此被摹拟的感知多大程度上仍是感知？多大程度上会反过来改变我们的日常感知？为此，我将写一部《感知论》，致力于开拓一种非还原论的认识论。与此相应的，会有一个存在论上的非还原论问题。技术时代的还原论根本上致力于将一切存在转变为数字化的、单单量化的存在，人性生存的诸多存在层次于是被简化被压抑了，我们还需要一种非还原的存在论来解释存在现象的丰富性、差异性和层次性。为此，我将另写一部《拯救现象》，致力于开拓一种非还原论的存在论。这三部书将如是构成一个整体，致力于发掘那些被技术时代的辉煌所掩盖的思想潜能。当然，所有这些还只是寄托于未来的希望，是我个人在思想上尚未完全成熟的尝试、一个思想触角的伸展方向。说出来，期待大方之家的批评、指正。

末了，要说些感恩的话。感谢《浙江社会科学》《复旦学报（社科版）》《同济大学学报（社科版）》《读书》《文汇学人》《书城》等期刊的编辑老师们，书中某些章节曾以论文形式发表，在此深表谢忱。这些文章收入本书时都做了程度不同的修改，具体细节不必逐一交代了。感谢我的老师孙周兴教授。我曾协助孙老师组织过两次未来哲学论坛，邀请过国内外的许多名家，对技术问题的思考直接受这方面工作的激发。感谢上海三联书店出版社的苗苏以编辑，她是一位非常尊重作者、注重出版品质的编辑。感谢青年艺术家徐源、陈岚圆专门为本书做了封面设计。最后，要感谢家人和朋友。我曾在一部译稿完成后写过一段话，不妨照抄在这里：“要感谢家人默默的支持，我曾以为翻译和学问都是自己的事业，现在看来，这是很幼稚的想法。”在这样一个不断加速前进的时代做一种纯然反思的学问，是一种幸福和寂寞，也是一种任性和奢侈，感谢家人、友人和爱人的包容。这本小书同样见证了我的成长，凝结着你们的厚爱。

记于上海同济 2021 年 10 月 8 日

修订于疫情中的上海 2022 年 4 月 22 日

图书在版编目(CIP)数据

还原与无限:技术时代的哲学问题/余明锋著. —上海:上海三联书店,2024.5 重印
ISBN 978-7-5426-7747-1

Ⅰ. ①还… Ⅱ. ①余… Ⅲ. ①技术哲学-研究
Ⅳ. ①N02

中国版本图书馆 CIP 数据核字(2022)第 117571 号

还原与无限——技术时代的哲学问题

著　　者 / 余明锋

责任编辑 / 苗苏以
装帧设计 / 徐　源　陈岚圆
监　　制 / 姚　军
责任校对 / 张大伟　王凌霄

出版发行 / 上海三联书店
(200041)中国上海市静安区威海路 755 号 30 楼
邮　　箱 / sdxsanlian@sina.com
联系电话 / 编辑部: 021-22895517
发行部: 021-22895559
印　　刷 / 上海颛辉印刷厂有限公司

版　　次 / 2022 年 8 月第 1 版
印　　次 / 2024 年 5 月第 3 次印刷
开　　本 / 787 mm×1092 mm　1/32
字　　数 / 140 千字
印　　张 / 7
书　　号 / ISBN 978-7-5426-7747-1/B·778
定　　价 / 58.00 元